本书获长春师范大学学术专著出版计划项目支持

高维数据均值向量及协方差矩阵结构的研究

刘忠颖 著

吉林大学出版社
·长 春·

图书在版编目(CIP)数据

高维数据均值向量及协方差矩阵结构的研究 / 刘忠颖著. —长春：吉林大学出版社，2023.4

ISBN 978-7-5768-2402-5

Ⅰ. ①高… Ⅱ. ①刘… Ⅲ. ①均值函数②协方差 Ⅳ. ①O211.67

中国国家版本馆 CIP 数据核字(2023)第 211738 号

书　　名：**高维数据均值向量及协方差矩阵结构的研究**

GAOWEI SHUJU JUNZHI XIANGLIANG JI XIEFANGCHA JUZHEN JIEGOU DE YANJIU

作　　者：刘忠颖
策划编辑：黄国彬
责任编辑：甄志忠
责任校对：王寒冰
装帧设计：姜　文
出版发行：吉林大学出版社
社　　址：长春市人民大街 4059 号
邮政编码：130021
发行电话：0431-89580028/29/21
网　　址：http://www.jlup.com.cn
电子邮箱：jldxcbs@sina.com
印　　刷：天津鑫恒彩印刷有限公司
开　　本：787mm×1092mm　　1/16
印　　张：7
字　　数：110 千字
版　　次：2024 年 3 月　第 1 版
印　　次：2024 年 3 月　第 1 次
书　　号：ISBN 978-7-5768-2402-5
定　　价：48.00 元

前　言

21 世纪前由于科技局限，经典的统计理论(尤其多元统计分析理论)在分析数据时未周密考虑高维的情况，例如在许多经典多元统计分析书籍中(如 Anderson[1]，Muirhead[2]，Eaton[3])介绍的假设检验等许多统计推断理论，是在假定数据维数 p 为给定的小的常数或相较于样本量 n 是可忽略的前提下发展起来的. 然而，这两个假设对许多现代数据来说不再是真实的了，因为 21 世纪以来科技的飞速发展，使得现代数据的维数会达到与样本量成比例那样的大，有的数据甚至是 p 远远超过 n，例如基因表达谱数据、单核苷酸多态性数据、经济数据、消费数据、现代化生产数据以及多媒体数据等都存在这种特性(参看 Donoho[4]、Johnstone[5]、Lam 等[6]、Chang 等[7]等文献). 此时我们再用经典的多元统计理论去分析这些高维数据，显然是不合理的. 高维数据的出现，迫切需要我们对一些传统多元统计分析理论进行更新或改写.

在多元统计分析中，均值向量和协方差矩阵是两种重要的矩阵，可以用它们来刻画总体分布的特征. 对总体均值向量和协方差矩阵的结构的研究是现在比较热门的研究方向之一. 众所周知，若 p 比 n 大，样本协方差矩阵不是总体协方差矩阵的一个好的估计. 如此的高维限制对许多经典多元统计推断理论产生了戏剧性的破坏，其中一方面就是对假设检验程序有明显的影响. 例如在高维情境下(即大 p 小 n)，许多假设问题的似然比检验统计量不能被定义. 众所周知，许多多元统计分析模型在应用过程中都要依赖假设检验程序来检验该模型的一些假设，如因子分析、方差分析、聚类分析等，高维对假设检验程序的破坏，致使这些分析方法的应用功效大大降低. 这就产生了一个显而易见的问题：怎样对高维数据的假设进行检验？本书中我们将在高维情境下，一是同时检验关于单个及两个高维总体均值向量和协方差矩阵的假设问题；二是检验关于高维总体协方差矩阵结构的假设问题.对每个假设问题，本书都提出一个新的检验方法，这些方法都适用于“大 p 小 n”，而且对非正态总体也是稳健的.我们推导得到新提出的检验统计量渐近原分布，并且精确推导得出渐近理论势函数.此外，本书中我们也研究了新的检验方法的局部势，证明了新提出的检验统计量是渐近无偏的.最后我们利用模拟试验来评价新的检验方法的效果.

本书能够顺利成书得益于读博期间众多老师和同学的帮助，在此对他们表示衷心感谢！

本书是吉林省自然科学基金项目(20200201276JC)的成果，并得到了长春师范大学学术出版基金的支持，在此一并致谢！

刘忠颖

2023 年 1 月

目　录

1 绪 论

1.1 高维总体均值向量和协方差矩阵同时研究简介

在制造业中，统计过程控制(statistical process control，简记为 SPC)已成为监控制造过程是否存在异常的主要工具[8]，它是利用统计方法对制造过程进行监控，确保过程处在可控范围内，从而保证制造出的产品的质量，减少经济损失. 多元过程中，两个过程参数均值向量或协方差矩阵结构的意外变化会导致过程变异的增加. 因此，联合监控一个多元过程的均值向量和协方差矩阵，在保证过程质量上变得非常重要，详细内容参见文献[9-16]等.

结构方程模型(structural equation modeling，简称 SEM 模型)在社会科学和行为科学中有广泛的应用，特别是在满意度调查中 SEM 起着重要作用. 在 SEM 中需要对均值向量和协方差矩阵进行同时检验，在 p 给定且 $n\to\infty$ 的情形下，当数据是正态分布的、原假设是总体均值等于给定向量及总体协方差矩阵等于给定正定矩阵时，Sugiura[17]、Sugiura 等[18]等学者给出在一个固定的备择假设下，似然比统计量渐近服从一个正态分布；当数据不是正态的，Yanagihara 等[19]给出在一个固定的备择假设下，似然比统计量渐近服从一个正态分布；当数据为正态分布的和非正态分布的，Yuan 等[20]给出在一个固定的备择假设下，似然比统计量渐近服从正态分布.

在对总体的均值向量和协方差矩阵的研究中，样本均值向量和样本协方差矩阵经常会被用到. 样本均值向量 $\bar{\boldsymbol{x}}$ 和样本协方差矩阵 $\boldsymbol{S}$ 的定义如下：假设 $\boldsymbol{x}_i=(x_{1i}, \cdots, x_{pi})^{\mathrm{T}}$，$i=1, 2, \cdots, n$ 是取自均值向量为 $\boldsymbol{\mu}$ 、协方差矩阵

为 $\boldsymbol{\Sigma}$ 的总体 F 的样本，样本均值向量为

$$\bar{\boldsymbol{x}}=\frac{1}{n}\sum_{k=1}^{n}\boldsymbol{x}_k ,$$

样本协方差矩阵为

$$\boldsymbol{S}=\frac{1}{n-1}\sum_{k=1}^{n}(\boldsymbol{x}_k-\bar{\boldsymbol{x}})(\boldsymbol{x}_k-\bar{\boldsymbol{x}})^{\mathrm{T}} .$$

在实际的研究中，还会用到以下两个统计量：$\boldsymbol{B}_n=\frac{n-1}{n}\boldsymbol{S}$ 及 $\boldsymbol{A}=(n-1)\boldsymbol{S}$.

考虑以下假设

H_{01}：$\boldsymbol{\mu}=\boldsymbol{\mu}_0$，$\boldsymbol{\Sigma}=\boldsymbol{\Sigma}_0$ vs H_{11}：H_{01} 不真(其中 $\boldsymbol{\mu}_0$ 和 $\boldsymbol{\Sigma}_0$ 是给定的向量和矩阵). (1.1)

H_{02}：$\boldsymbol{\mu}=\boldsymbol{0}_{p\times 1}$，$\boldsymbol{\Sigma}=I_p$ vs H_{12}：H_{02} 不真 . (1.2)

当对随机向量进行标准化后，即 $\tilde{\boldsymbol{x}}_i=\boldsymbol{\Sigma}_0^{-\frac{1}{2}}(\boldsymbol{x}_i-\boldsymbol{\mu}_0)$，检验假设(1.1)等价于检验假设(1.2). 对于假设(1.2)，当总体是 p 维正态总体时，Muirhead[2] 中定理 8.5.1 给出了似然比统计量为

$$\lambda_{M2}=\left(\frac{\mathrm{e}}{n}\right)^{\frac{1}{2}pn}|\boldsymbol{A}|^{\frac{1}{2}n}\mathrm{e}^{-\frac{1}{2}[\mathrm{tr}(\boldsymbol{A})+n\bar{\boldsymbol{x}}^{\mathrm{T}}\bar{\boldsymbol{x}}]} ,$$

同时证明出在原假设成立时，$-2\rho\ln(\lambda_{M2})$ 的渐近分布为自由度是 $\frac{1}{2}p(p+1)+p$ 的 χ^2 分布，其中 $\rho=1-\frac{2p^2+9p+11}{6n(p+3)}$. Muirhead[2] 指出当 $p\geqslant n$ 时，$\boldsymbol{B}_n$ 以概率 1 不是满秩的，即 $\boldsymbol{B}_n$ 的行列式为 0. 由于 $\boldsymbol{A}=n\boldsymbol{B}_n$，显然当 $p\geqslant n$ 时，$\boldsymbol{A}$ 也不是满秩的，即 $\boldsymbol{A}$ 的行列式为 0，这表明似然比统计量 λ_{M2} 仅仅在 $p<n$ 时存在. Jiang 等[21] 对 λ_{M2} 的分布进行了修正，文中定理 5 给出：对任意的 $n\geqslant 3$，令 $n>p+1$，若 $\lim\limits_{n\to\infty}\frac{p}{n}\to y\in(0, 1]$，则在 H_{02} 下，当 $n\to\infty$ 时，

$$\frac{\lambda_{M2}-\mu(n, p)}{n\sigma(n, p)}\xrightarrow{D}N(0, 1) ,$$

其中，$\mu(n, p)=-\frac{1}{4}\left[n(2n-2p-3)\ln\left(1-\frac{p}{n-1}\right)+2(n+1)p\right]$，$\sigma^2(n,$

$p)=-\frac{1}{2}\left[\frac{p}{n-1}+\ln\left(1-\frac{p}{n-1}\right)\right]$. Jiang 等[22]对这个结果再次进行了修正，文中定理 5 的结果与 Jiang 等[23]中定理 5 结果是一致的，仅仅将后者中条件 $\lim\limits_{n\to\infty}\frac{p}{n}\to y\in(0,1]$ 放宽为 $\lim\limits_{n\to\infty}p=\infty$，即不要求 p/n(维容比)存在极限．

可以看出上面的这些结论都是在 $p<n$ 及正态总体的假设下推导得到的，为了放宽这些限制而检验假设问题(1.2)，本书中我们为同时检验高维数据均值向量和协方差矩阵提出一个新的检验统计量，这个统计量适用于“大 p 小 n”，对非正态数据也是稳健的．我们推导得到了这个统计量的渐近原分布，也获得了渐近理论势函数．我们将研究新的检验方法的局部势，证明新的检验统计量是渐近无偏的．最后通过蒙特卡洛模拟来评价新的检验方法的功效．

在实际中，得到分布的异构性是一个重要的问题．例如在 DNA 微阵列数据分析中，检验均值向量相等和检验协方差矩阵相等有助于发现表达水平的分布中的显著区别．然而假如仅仅检验这两个检验中的一个(检验两个协方差矩阵相等方面的相关研究见文献[24-30]等，一些情形中的显著性区别可能不能被探测出来．因此，通过两个假设同时检验来探测显著性区别是更合理的．

我们要考虑的假设是：

$$H_{03}:\boldsymbol{\mu}_1=\boldsymbol{\mu}_2,\ \boldsymbol{\Sigma}_1=\boldsymbol{\Sigma}_2\ \text{vs}\ H_{13}:H_{03}\text{ 不真}. \tag{1.3}$$

当总体分布是正态分布时，这个检验实际上也是检验两个正态分布是否相同．令 $\{\boldsymbol{Y}_{ij}: i=1,2; j=1,2,\cdots,n_i\}$ 是独立的 p 维随机向量序列，对每个 $i=1,2$，$\{\boldsymbol{Y}_{ij}: j=1,2,\cdots,n_i\}$ 是取自总体 $N_p(\boldsymbol{\mu}_i,\boldsymbol{\Sigma}_i)$ 的样本．记

$$\boldsymbol{A}_y=\sum_{i=1}^{2}n_i(\bar{\boldsymbol{Y}}_i-\bar{\boldsymbol{Y}})(\bar{\boldsymbol{Y}}_i-\bar{\boldsymbol{Y}})^{\mathrm{T}},$$

$$\boldsymbol{B}_i=\sum_{j=1}^{n_i}(\boldsymbol{Y}_{ij}-\bar{\boldsymbol{Y}}_i)(\boldsymbol{Y}_{ij}-\bar{\boldsymbol{Y}}_i)^{\mathrm{T}},\ \boldsymbol{B}_y=\boldsymbol{B}_1+\boldsymbol{B}_2.$$

其中，

$$\bar{\boldsymbol{Y}}_i=\frac{1}{n_i}\sum_{j=1}^{n_i}\boldsymbol{Y}_{ij},\ \bar{\boldsymbol{Y}}=\frac{1}{m}\sum_{i=1}^{2}n_i\bar{\boldsymbol{Y}}_i,\ m=n_1+n_2.$$

假设(1.3)的似然比统计量由 Wilks[31]首次推导得出，为

$$\lambda_{W_3}=\frac{|\boldsymbol{B}_1|^{\frac{n_1}{2}}\ |\boldsymbol{B}_2|^{\frac{n_2}{2}}}{|\boldsymbol{A}_y+\boldsymbol{B}_y|^{\frac{m}{2}}}\cdot\frac{m^{\frac{pn}{2}}}{n_1^{\frac{pn_1}{2}}\cdot n_2^{\frac{pn_2}{2}}},$$

也可参看文献[2]中定理 10.8.1. 注意到对 $i=1, 2$，当 $p>n_i$ 时，矩阵 $\boldsymbol{B}_i$ 不是满秩的，它们的行列式为 0，所以 λ_{W3} 也为 0，因此这个似然比统计量仅在 $p \leqslant \min(n_1, n_2)$ 时适用. 在 H_{03} 成立时，Perlman[32] 证明了 λ_{W3} 是无偏的. 当维数 p 给定及 $\min(n_1, n_2) \to \infty$ 时，在 H_{03} 成立时，文献[2]中定理 10.8.4 的一个引理给出了：

$$-2\rho\ln(\lambda_{W3}) \xrightarrow{D} \chi^2(f),$$

其中，

$$f=\frac{1}{2}p(p+3), \quad \rho=1-\frac{2p^2+9p+11}{6m(p+3)}\left(\frac{m}{n_1}+\frac{m}{n_2}-1\right).$$

Jiang 等[21] 中的定理 3 扩充了上面的结论：对所有的 $p \geqslant 1$，当 n_1，$n_2 > p+1$ 并且 $\lim\limits_{p\to\infty}\frac{p}{n_i} \to y_i \in (0, 1]$，$i=1, 2$ 时，在 H_{03} 成立及 $p\to\infty$ 时，

$$\frac{\ln(\lambda_{W3})-\mu(n_i, p)}{m\sigma(n_i, p)} \xrightarrow{D} N(0, 1),$$

其中，

$$\mu(n_i, p)=\frac{1}{4}[-4p-\sum_{i=1}^{2}y_i+mr_m^2(2p-2m+3)$$

$$-\sum_{i=1}^{2}n_i r_{n'_i}^2(2p-2n_i+3)],$$

$$\sigma^2(n_i, p)=\frac{1}{2}(\sum_{i=1}^{2}\frac{n_i^2}{m^2}r_{n_i}^2-r_m^2),$$

$$n'_i=n_i-1, \quad 对\ x>p, \quad 有\ r_x=\sqrt{-\ln\left(1-\frac{p}{x}\right)}.$$

显然这个结论去掉了维数 p 给定这个限制，允许 p 以同样的比例随 n_1，n_2 增大而增大. 文献[22]中的定理 3 对上面的结论进行了修正，这个定理的结论与上面的结论是相同的，但仅仅要求条件为：对所有的 $p \geqslant 1$，n_1，$n_2 > p+1$，并且存在 $\delta \in (0, 1)$ 使得 $\delta < n_i/n_j < \delta^{-1}$，$1 \leqslant i, j \leqslant 2$. 该定理去掉了 p 以同样的比例随 n_1，n_2 增大而增大的限制.

假设样本 $\{\boldsymbol{Y}_{ij}: j=1, 2, \cdots, n_i\}$ 取自均值向量为 $\boldsymbol{\mu}_i$、协方差矩阵为 $\boldsymbol{\Sigma}_i$ 的总体，$i=1, 2$. 假定随机向量序列 $\{\boldsymbol{Y}_{1j}: j=1, 2, \cdots, n_1\}$ 满足独立

成分模型$\boldsymbol{Y}_{1j}=\boldsymbol{\mu}_1+\boldsymbol{\Sigma}_1^{1/2}\boldsymbol{w}_j$，其中，$\boldsymbol{w}_j=(w_{1j},\cdots,w_{pj})^{\mathrm{T}}$，随机变量序列$\{\boldsymbol{w}_{lj}:l=1,2,\cdots,p\}$是独立同分布的，满足

$$E\boldsymbol{w}_{lj}=0,\ E\boldsymbol{w}_{lj}^2=1,\ \text{且}\ \boldsymbol{\beta}_w=E\boldsymbol{w}_{lj}^4-3.$$

随机向量序列$\{\boldsymbol{Y}_{2j}:j=1,2,\cdots,n_2\}$满足独立成分模型$\boldsymbol{Y}_{2j}=\boldsymbol{\mu}_2+\boldsymbol{\Sigma}_2^{1/2}\boldsymbol{v}_j$，其中$\boldsymbol{v}_j=(\boldsymbol{v}_{1j},\cdots,\boldsymbol{v}_{pj})^{\mathrm{T}}$，随机变量序列$\{\boldsymbol{v}_{lj}:l=1,2,\cdots,p\}$是独立同分布的，满足

$$E\boldsymbol{v}_{lj}=0,\ E\boldsymbol{v}_{lj}^2=1,\ \text{且}\ \boldsymbol{\beta}_v=E\boldsymbol{v}_{lj}^4-3.$$

记$\boldsymbol{\delta}=\boldsymbol{\mu}_1-\boldsymbol{\mu}_2$，$\Delta=\boldsymbol{\Sigma}_1-\boldsymbol{\Sigma}_2$，$\|\cdot\|$代表 Euclidean 范数，$\|\cdot\|_{\mathrm{F}}$代表 Frobenius 范数.

这两个样本的样本均值向量和样本协方差矩阵分别为

$$\overline{\boldsymbol{Y}}_i=n_i^{-1}\sum_{j=1}^{n_i}\boldsymbol{Y}_{ij},\ \boldsymbol{S}_i=(n_i-1)^{-1}\sum_{j=1}^{n_i}(\boldsymbol{Y}_{ij}-\overline{\boldsymbol{Y}}_i)(\boldsymbol{Y}_{ij}-\overline{\boldsymbol{Y}}_i)^{\mathrm{T}}.$$

记

$$K_i=(n_i-1)^{-1}\sum_{j=1}^{n_i}\|\boldsymbol{Y}_{ij}-\overline{\boldsymbol{Y}}_i\|^4,$$

$$\widehat{\|\boldsymbol{\Sigma}_i\|_{\mathrm{F}}^2}=\frac{n_i-1}{n_i(n_i-2)(n_i-3)}[(n_i-1)(n_i-2)\mathrm{tr}(\boldsymbol{S}_i^2)+\{\mathrm{tr}(\boldsymbol{S}_i)\}^2-n_iK_i],$$

$$\widehat{\|\boldsymbol{\delta}\|^2}=\|\overline{\boldsymbol{Y}}_1-\overline{\boldsymbol{Y}}_2\|^2-\sum_{i=1}^{2}\mathrm{tr}(\boldsymbol{S}_i)/n_i,\ \widehat{\|\boldsymbol{\Delta}\|_{\mathrm{F}}^2}=\sum_{i=1}^{2}\widehat{\|\boldsymbol{\Sigma}_i\|_{\mathrm{F}}^2}-2\mathrm{tr}(\boldsymbol{S}_1\boldsymbol{S}_2),$$

$$\hat{\sigma}_{10}^2=\sum_{i=1}^{2}\frac{2\|\hat{\boldsymbol{\Sigma}}_i\|_{\mathrm{F}}^2}{n_i^2}+\frac{4\mathrm{tr}(\boldsymbol{S}_1\boldsymbol{S}_2)}{n_1n_2},$$

$$\hat{\sigma}_{20}^2=\sum_{i=1}^{2}\frac{4(\|\hat{\boldsymbol{\Sigma}}_i\|_{\mathrm{F}}^2)^2}{n_i^2}+\frac{8\{\mathrm{tr}(\boldsymbol{S}_1\boldsymbol{S}_2)\}^2}{n_1n_2}.$$

Hyodo 等[33]将 Chen 等[34]及 Li 等[35]中提出的两个检验统计量加和作为检验统计量，即

$$T_H=\frac{\widehat{\|\boldsymbol{\delta}\|^2}}{\hat{\sigma}_{10}}+\frac{\widehat{\|\boldsymbol{\Delta}\|_{\mathrm{F}}^2}}{\hat{\sigma}_{20}}.$$

并且在一定的假定下证明了

$$\frac{T_H}{\sqrt{2}}\xrightarrow{D}N(0,1).$$

除了上面的情况外，在缺失数据的研究中，特别是在单调缺失数据研究方面，许多研究者对均值向量和协方差矩阵的同时检验也做了大量的工作．例如，若总体分布是 $N_p(\boldsymbol{\mu}, \boldsymbol{\Sigma})$，数据是两步单调缺失数据，在 H_{03} 成立和 $p<n$ 及 $n\to\infty$ 时，Hao 等[36]推导出了似然比统计量，并且得到对数似然比统计量的渐近分布是 χ^2 分布；Tsukada[37]得到了对数似然比统计量和 Wald-type 统计量，并在定理 4.1 和定理 4.2 中证明了这两个统计量的渐近分布都是 χ^2 分布. 更多详细内容请参看文献[38-41]等．

本书中我们为两个高维总体均值向量和协方差矩阵的同时检验提出一个新的检验统计量，这个统计量适用于“大 p 小 n”，对非正态数据也是稳健的．此外，我们推导得到了这个统计量的渐近原分布，也获得了渐近理论势函数. 最后用蒙特卡洛模拟来评价新的检验方法的功效．

1.2 高维总体协方差矩阵研究简介

众所周知，在多元统计分析中，协方差矩阵是一个基本的参数. 研究总体协方差矩阵的结构是多元统计分析中一个重点，重要的两个结构是：对角阵结构（I_p 和 $\sigma^2 I_p$）和组内等相关结构（见文献[42]和[43]）. 在对总体协方差矩阵的研究中，由样本组成的样本协方差矩阵是最重要的随机矩阵之一，它是总体协方差矩阵的一个无偏估计，它在假设检验、主成分分析、因子分析和判别分析中是基本的统计量，许多检验统计量都是用样本协方差矩阵的特征值定义的．

考虑以下假设：

H_{04}：$\boldsymbol{\Sigma}=\sigma^2\boldsymbol{I}_p$ vs H_{14}：$\boldsymbol{\Sigma}\neq\sigma^2\boldsymbol{I}_p$，其中 σ^2 未知，$\boldsymbol{I}_p$ 为 p 阶单位阵． (1.4)

H_{05}：$\boldsymbol{\Sigma}=\boldsymbol{\Sigma}_0$ vs H_{15}：$\boldsymbol{\Sigma}\neq\boldsymbol{\Sigma}_0$，其中 $\boldsymbol{\Sigma}_0$ 是给定的正定矩阵． (1.5)

H_{06}：$\boldsymbol{\Sigma}=\boldsymbol{I}_p$ vs H_{16}：$\boldsymbol{\Sigma}\neq\boldsymbol{I}_p$． (1.6)

检验假设(1.4)也被称为是球形检验. 当总体是 p 维正态总体时，假设(1.4)的似然比统计量首次由 Mauchly[44]推导得出，为

$$\lambda_{M4}=\frac{|\boldsymbol{B}_n|}{[\mathrm{tr}(\boldsymbol{B}_n)/p]^p}.$$

文献[2]中定理3.1.2和引理3.2.19得到，在假设 H_{04} 成立时，$(n/\sigma)\boldsymbol{B}_n$ 和 $\boldsymbol{z}^{\mathrm{T}}\boldsymbol{z}$ 有同样的分布，其中 $\boldsymbol{z}=(z_{ij})_{(n-1)\times p}$，$\{z_{ij}: i=1, \cdots, (n-1); j=1, \cdots, p\}$ 是服从标准正态分布 $N(0, 1)$ 的相互独立随机变量序列. 这说明在 H_{04} 成立下，当 $p \geqslant n$ 时，$\boldsymbol{B}_n$ 以概率1不是满秩的，即 $\boldsymbol{B}_n$ 的行列式为0，这表明似然比统计量 λ_{M4} 仅仅在 $p \leqslant n-1$ 时存在. 人们称 λ_{M4} 为椭圆统计量. 当 p 固定，$n \to \infty$ 时，一个经典的渐近结果表明

$$-(n-1)\rho\ln(\lambda_{M4}) \xrightarrow{D} \chi^2(f),$$

其中，

$$\rho = 1 - \frac{2p^2+p+2}{6(n-1)p}, \quad f = \frac{1}{2}(p-1)(p+2).$$

这个结论也显然不适合 $p \geqslant n$. 为了弥补 λ_{M4} 的不足，从而更好地检验 H_{04}，研究者们已经做了大量工作，例如Bai[45]、Bai等[46]、Cai等[47]、Chen和Pan[48]、Fisher[49]、Fisher等[50]、Gao和Marden[51]、Gupta和Bodnar[52]、Jiang等[22]、Jiang等[21]、Ledoit等[53]、Narayanaswamy和Raghavarao[54]、Pinto等[55]、Saranadasa[56]、Schott[57-59]、Serdobolskii[60]、Silverstein[61]、Srivastava[62-64]、Wang等[65]、Wang[66]、Yin和Krishnaiah[67]、Zhang等)[68]等等. 其中Ledoit证明，当 $p/n \to c < \infty$（c 是常数）时，基于John[69]提出的统计量的局部最佳不变检验是 (n, p) 相合的，但是在备择假设下不能得到检验统计量的分布. Srivastava基于样本协方差矩阵特征值的一阶和二阶算术平均值提出了一个检验，前提条件仅仅要求 $n=O(p^{\delta})$，$0<\delta\leqslant 1$. 他证明这个检验是 (n, p) 相合的，并且在原假设和备择假设下得到了检验统计量的分布. Srivastava对似然比统计量进行修正，使其在 $p/n \to 0$ 和 n 固定时是可用的. Fisher基于样本协方差矩阵特征值的二阶和四阶算术平均值提出了一个检验，前提条件仅仅要求：$(n, p) \to \infty$ 时 $p/n \to c$，其中 $0 < c < \infty$. Jiang等也对似然比统计量进行了修正，文中定理1给出：对任意的 $n \geqslant 3$，令 $n > p+1$，若 $\lim\limits_{n\to\infty} \frac{p}{n} = y \in (0, 1]$，则在 H_{04} 成立下，当 $n \to \infty$ 时，

$$\frac{\lambda_{M4} - \mu(n, p)}{\sigma(n, p)} \xrightarrow{D} N(0, 1),$$

其中，

$$\mu(n, p)=-p-\left(n-p-\frac{3}{2}\right)\ln\left(1-\frac{p}{n-1}\right),$$

$$\sigma^2(n, p)=-2\left[\frac{p}{n-1}+\ln\left(1-\frac{p}{n-1}\right)\right].$$

Jiang 等[21]对这个结果再次进行了修正，文中定理 1 的结果与 Jiang 等[22]中定理 1 的结果是一致的，仅仅将后者中条件 $\lim_{n\to\infty} p/n=y\in(0, 1]$ 放宽为 $\lim_{n\to\infty} p=\infty$，即不要求 p/n(维容比)存在极限．

对于检验假设(1.5)，由于 $\boldsymbol{\Sigma}_0$ 是正定矩阵，故存在非退化矩阵 $\boldsymbol{D}_{p\times p}$，使得 $\boldsymbol{D}\boldsymbol{\Sigma}_0\boldsymbol{D}^{\mathrm{T}}=\boldsymbol{I}_p$．令 $\tilde{\boldsymbol{x}}_i=\boldsymbol{D}\boldsymbol{x}_i$，则检验假设(1.5)等价于检验假设(1.6)．

对于检验假设(1.6)，Nagao[70]提出了检验统计量

$$\lambda_{N6}=\frac{1}{p}\operatorname{tr}(\boldsymbol{A}-\boldsymbol{I}_p)^2.$$

若 p 和 n 以同样的比例趋于无穷，即 $p/n\to y\in(0, \infty)$，Ledoit 等证明了统计量 λ_{N6} 的渐近正态性，也说明了它是不相合的．为了修正这个不足，他们提出了一个检验统计量

$$\lambda_{L6}=\frac{1}{p}\operatorname{tr}(\boldsymbol{A}-\boldsymbol{I}_p)^2-\frac{p}{n}\left(\frac{1}{p}\operatorname{tr}(\boldsymbol{A})\right)^2+\frac{p}{n},$$

并且运用 delta 方法证明了 λ_{L6} 的渐近正态性和相合性．Birke 等[71]将 $p/n\to y\in(0, \infty)$ 扩充到 $p/n\to y\in(0, \infty]$，并且给出了 λ_{N6} 的渐近分布．即文中定理 3.4 给出：当 $\lim_{n, p\to\infty} p/n\to y\in[0, 1]$ 时，若 H_{06} 成立，则

$$n\left(\lambda_{N6}-\frac{p+1}{n}\right)\xrightarrow{D}N(0, 4+8y).$$

文中定理 3.3 给出：当 $\lim_{n, p\to\infty} p/n\to y\in[1, \infty]$ 时，若原假设成立，则

$$\sqrt{\frac{n^3}{p}}\left(\lambda_{N6}-\frac{p+1}{n}\right)\xrightarrow{D}N\left(0, \frac{4}{y}+8\right).$$

而且文中定理 3.5 也给出了 λ_{L6} 的渐近分布：当 $\lim_{n, p\to\infty} p/n\to y\in[0, \infty]$ 时，若原假设成立，则

$$n\left(\lambda_{L6}-\frac{pn+n-2+1}{n^2}\right)\xrightarrow{D}N(0, 4).$$

Bai 等[72]对传统似然比检验进行了修正，提出检验统计量

$$L_{B6}=\operatorname{tr}(\boldsymbol{B}_n)-\ln|\boldsymbol{B}_n|-p,$$

使之适合检验高维正态总体 $N_p(\boldsymbol{\mu},\boldsymbol{\Sigma})$. 这个检验对维数 p 不再要求是固定常数，而是要求随着样本量 n 趋于无穷，p 也趋于无穷，同时 $\lim_{n\to\infty}p/n=y\in(0,1)$，其中 y 是常数. Jiang 等[23]和 Jiang 等[21]分别利用不同的证明方法进一步推广 Bai 等的结果，使得 y 的值可以取到 1. 这三篇文献证明检验统计量渐近分布的方法不同，其中 Bai 等使用的是随机矩阵理论，Jiang 等使用的是 Selberg 不等式，Jiang 等通过分析检验统计量的矩来得到其渐近分布. 得到的渐近分布稍有不同：

文献[72]中：记 $g(x)=x-\ln(x)-1$，在一定条件下，H_{06} 成立时，

$$\frac{L_{B6}-pF^{y_n}(y)-\mu(y)}{\sigma(y)}\xrightarrow{D}N(0,1),$$

其中，$y_n=\dfrac{p}{n}$，$\mu(y)=-\dfrac{\ln(1-y)}{2}$，$\sigma^2(y)=-2\ln(1-y)-2y$，$F^{y_n}=1+\dfrac{1-y}{y}\ln(1-y)$ 是 y_n 的 MP 律.

Jiang 等中：在一定条件下，H_{06} 成立时，

$$\frac{L_{B6}-\mu(n,p)}{\sigma(n,p)}\xrightarrow{D}N(0,1),$$

其中，$\mu(n,p)=\left(n-p-\dfrac{3}{2}\right)\ln\left(1-\dfrac{p}{n}\right)+p-y$，$\sigma^2(n,p)=-2\left[\dfrac{p}{n}+\ln\left(1-\dfrac{p}{n}\right)\right]$.

文献[21]中：对任意的 $n\geqslant 3$，令 $n>p+1$，记 $V_n=|\boldsymbol{B}_n|\left(\dfrac{\operatorname{tr}(\boldsymbol{B}_n)}{p}\right)^{-1}$，则在 H_{04} 成立下，当 $n\to\infty$ 时，

$$\frac{V_n-\mu(n,p)}{\sigma(n,p)}\xrightarrow{D}N(0,1),$$

其中，$\mu(n,p)=-p-\left(n-p-\dfrac{3}{2}\right)\ln\left(1-\dfrac{p}{n-1}\right)$，$\sigma^2(n,p)=-2\left[\dfrac{p}{n-1}+\ln\left(1-\dfrac{p}{n-1}\right)\right]$.

本书的研究内容之一是检验高维总体协方差矩阵具有组内等相关结构[见式(1.7)]，即协方差矩阵具有如下形式：

$$\boldsymbol{\Sigma}=\sigma^2\begin{pmatrix}1 & \rho & \rho & \cdots & \rho\\ \rho & 1 & \rho & \cdots & \rho\\ \vdots & \vdots & \vdots & & \vdots\\ \rho & \rho & \rho & \cdots & 1\end{pmatrix}=\sigma^2[(1-\rho)\boldsymbol{I}_p+\rho\boldsymbol{J}_p], \tag{1.7}$$

其中，$\boldsymbol{J}_p=(1)_{p\times p}$，$\rho$ 是总体中任意两个变量间的组内相关系数. 为了使 $\boldsymbol{\Sigma}$ 是正定矩阵，我们要求 $\rho\in(-1/(p-1),1)$. 考虑假设问题

$$H_{07}:\boldsymbol{\Sigma}=\sigma^2[(1-\rho)\boldsymbol{I}_p+\rho\boldsymbol{J}_p]\ \text{vs}\ H_{17}:\boldsymbol{\Sigma}\neq\sigma^2[(1-\rho)\boldsymbol{I}_p+\rho\boldsymbol{J}_p]. \tag{1.8}$$

形如(1.7)的协方差矩阵在重复测量和随机抽样设计中有广泛的应用(见文献[73]中 7.4 节). 例如，考虑从一个生物种群中抽样，首先选择一个种群组样本，然后从这些组中选择一个样本，这样的抽样程序是有优势的，其结果是一组内的样本观测值可能形成组内等相关结构的协方差矩阵，而不是对角结构(见文献[74]).

许多文献中已经对协方差矩阵是否具有结构(1.7)进行了研究. 关于检验(1.8)的最早的工作是 Wilks[75] 提出了一个似然比统计量

$$\lambda_{W7}=\left(\frac{(p-1)^{p-1}\ |\boldsymbol{S}|}{(1/p)(1^{\mathrm{T}}\boldsymbol{S}1)\ (\mathrm{tr}\mathrm{S}-(1/p)1^{\mathrm{T}}\boldsymbol{S}1)^{p-1}}\right)^{\frac{n}{2}},$$

并且推导出 $p=2$ 和 $p=3$ 时相对应的精确分布. 然而，p 的值很大时，精确分布的推导是很复杂的，并且不易于在实际中应用. 相反地，渐近分布却经常被用到. Haq[76] 讨论了关于参数 σ^2 和 ρ 的统计推断. Siotani 等[77] 在一个大维框架下依据 χ^2 分布为似然比统计量提出了一个渐近展式；而 Rencher[78] 依据 F 分布给出一个渐近展式. 然而正如 Kato 等[79] 所指出的，当 p 的值较小时，这两型的近似都有好的精度；并且当 p 适中时，F 型近似的精度比 χ^2 型近似要好很多；但是，当 p 变得更大时，这些精度就变得更糟了. 基于这些原因，Kato 等推导了似然比统计量的原分布的一个渐近展式，并且推导出的渐近分布里包含标准正态分布的分布函数和密度函数，用于检验协方差矩阵的组内相关结构，同时也允许 p 和 n 同时趋于 ∞，但是 $p\leqslant n$. 后来，

Srivastava 等[80]提出了一个检验程序，允许 p 比 n 大，他们利用模拟说明了他们提出的检验统计量是优于似然比统计量. 然而，上面提到的统计量都是基于正态总体的，且对非正态总体不是稳健的.

为了处理非正态数据，Morris 等[81]为检验协方差矩阵是否具有结构(1.7)提出了一个置换检验方法(PT)，且该文献中仅用 Monte Carlo PT (MCPT)来说明其提出方法的功效，未给出检验的渐近原分布. 本书中，在大 p 和大 n 情形下，我们为检验(1.8)提出一种新的检验方法，这种方法适用于正态和非正态数据. 通过模拟，我们发现对重尾分布效果更好. 应用鞅差中心极限定理，我们推导得出原假设成立时，检验统计量的渐近原分布，并且证明了新的检验统计量是相合的.

1.3 本书的结构安排和符号说明

1.3.1 结构安排

本书共四章.

第 1 章，绪论部分. 主要介绍了两方面内容，一方面是高维均值向量和协方差矩阵同时检验的作用、起源、中外研究现状，另一方面是高维协方差矩阵结构的检验的起源、中外研究现状.

第 2 章，单个高维总体均值向量和协方差矩阵的同时检验. 本章提出一个新的检验统计量，这个统计量适用于“大 p 小 n”，对非正态数据也是稳健的. 我们推导得到了这个统计量的渐近原分布，也获得了渐近理论势函数. 我们将研究新检验方法的局部势，证明新的检验统计量是渐近无偏的. 最后通过蒙特卡洛模拟来评价新的检验方法的功效.

第 3 章，两个高维总体均值向量和协方差矩阵的同时检验. 本章提出了一个新的检验统计量，这个统计量适用于“大 p 小 n”，也适用于正态和非正态数据. 我们推导得到了这个统计量的渐近原分布，也获得了渐近理论势函数. 最后通过蒙特卡洛模拟来评价新的检验方法的功效.

第 4 章，高维总体协方差矩阵的组内等相关性检验. 本章中将提出一个新的检验方法，这种方法对正态和非正态数据都是适用的. 当 p 随着 n 成比例增大时，利用鞅差中心极限定理，我们得到检验统计量的渐近性质，并且利用蒙特卡洛模拟来评价我们提出的方法的功效.

最后，总结和讨论. 总结了本书的主要工作和后续将要研究的问题.

书后的附录部分给出第 2 章和第 4 章中一些结论的证明.

1.3.2 符号说明

本书中我们将用到一些符号，在此做以统一说明.

记“$\boldsymbol{M}^{\mathrm{T}}$”为矩阵 $\boldsymbol{M}$ 的转置矩阵;

记“$\mathrm{tr}(\boldsymbol{M})$”为矩阵 $\boldsymbol{M}$ 的主对角线元素之和;

记“$\xrightarrow{D}$”为依分布收敛;

记“$\xrightarrow{P}$”为依概率收敛;

用 $o_p(1)$ 表示依概率收敛到 0;

用 $a_n = o_p(b_n)$ 表示当 $n \to \infty$ 时依概率 $\lim_{n\to\infty} a_n/b_n = 0$.

$\boldsymbol{x}_i = (x_{1i}, \cdots, x_{pi})^{\mathrm{T}}$, $i = 1, 2, \cdots, n$ 是取自均值向量为$\boldsymbol{\mu}$ 、协方差矩阵为 $\boldsymbol{\Sigma}$ 的 p 维总体 F 的样本;

样本均值向量为

$$\bar{\boldsymbol{x}} = \frac{1}{n}\sum_{k=1}^{n}\boldsymbol{x}_k;$$

样本协方差矩阵为

$$\boldsymbol{S} = \frac{1}{n-1}\sum_{k=1}^{n}(\boldsymbol{x}_k - \bar{\boldsymbol{x}})(\boldsymbol{x}_k - \bar{\boldsymbol{x}})^{\mathrm{T}},$$

$$\boldsymbol{B}_n = \frac{1}{n}\sum_{k=1}^{n}(\boldsymbol{x}_k - \bar{\boldsymbol{x}})(\boldsymbol{x}_k - \bar{\boldsymbol{x}})^{\mathrm{T}},$$

$$\boldsymbol{S}_n = \frac{1}{n}\sum_{k=1}^{n}\boldsymbol{x}_k\boldsymbol{x}_k^{\mathrm{T}},$$

$$\boldsymbol{S}_{\boldsymbol{\mu}} = \frac{1}{n-1}\sum_{k=1}^{n}(\boldsymbol{x}_k - \boldsymbol{\mu})(\boldsymbol{x}_k - \boldsymbol{\mu})^{\mathrm{T}},$$

样本离差阵为

$$\boldsymbol{A} = \sum_{k=1}^{n}(\boldsymbol{x}_k - \bar{\boldsymbol{x}})(\boldsymbol{x}_k - \bar{\boldsymbol{x}})^{\mathrm{T}}.$$

2 单个高维总体均值向量和协方差矩阵的同时检验

本章为单个高维总体均值向量和协方差矩阵的同时检验提出一个新的检验统计量，这个统计量适用于“大 p 小 n”，对非正态数据也是稳健的. 我们推导得到了这个统计量的渐近原分布，也获得了渐近理论势函数. 我们将研究新检验方法的局部势，证明新的检验统计量是渐近无偏的. 最后用蒙特卡洛模拟来评价新的检验方法的功效.

2.1 检验统计量及其渐近性质

在进行统计推断之前，我们把在随机矩阵理论中一些经常被用到的假定加于总体上.

假定[A]. 随机向量序列 $\boldsymbol{x}_i$，$i=1, 2, \cdots, n$，满足独立成分模型 $\boldsymbol{x}_i=\boldsymbol{\mu}+\boldsymbol{\Sigma}^{1/2}\boldsymbol{w}_i$，其中 $\boldsymbol{w}_i=(w_{1i}, \cdots, w_{pi})^{\mathrm{T}}$，随机变量序列 $\{w_{ji}, j=1, 2, \cdots, p\}$ 是独立同分布的，满足

$$Ew_{ji}=0，Ew_{ji}^2=1，且\ \beta_{\mathrm{w}}=Ew_{ji}^4-3.$$

假定[B]. $\boldsymbol{\Sigma}$ 的谱范数是有界的，且 $\boldsymbol{\Sigma}$ 的经验谱分布(ESD) $F_n(x)$ 依分布收敛到一个极限分布 $\widetilde{F}(\cdot)$，其中 $F_n(x)=p^{-1}\sum_{j=1}^{p}\delta_{\{\lambda_j\leqslant x\}}$，$\{\lambda_j, j=1, 2, \cdots, p\}$ 是 $\boldsymbol{\Sigma}$ 的特征值. 渐近架构是：$n\to\infty$ 和 $p\to\infty$ 且 $p/n\to y\in(0, \infty)$.

假定[A]要求总体仅仅满足独立成分模型且有有限四阶矩. 假定[B]则给

出了渐近架构：数据维数随着样本量成比例地趋于无穷．而且要求 $\boldsymbol{\mu}^{\mathrm{T}}\boldsymbol{\Sigma\mu}$ 和 $\boldsymbol{\Sigma}$ 的 ESD 是收敛的．

对于检验原假设 H_{02} ，当总体是正态的及 $p/n \to y \in (0, 1]$ 时，Jiang 等建立了似然比统计量(LRT)的渐近分布．然而，LRT 仅仅适用于 $p<n$ 的情形．但是在实际应用中，我们经常会遇到 $p \geqslant n$ 的情形，在这种情形下，LRT 不存在，因为 $\boldsymbol{A}$ 不是满秩的，它的行列式为 0．事实上，统计量 $n^{-1}\operatorname{tr}(\boldsymbol{A})-\ln|\boldsymbol{A}|+\bar{\boldsymbol{x}}^{\mathrm{T}}\bar{\boldsymbol{x}}$ 由两部分组成：一部分是 $\bar{\boldsymbol{x}}^{\mathrm{T}}\bar{\boldsymbol{x}}$ ，它是平均损失，用于估计均值向量；另一部分是 $n^{-1}\operatorname{tr}(\boldsymbol{A})-\ln|\boldsymbol{A}|$ ，它是熵损失，用于估计协方差矩阵．受 LRT 的启发，我们提出下面的统计量

$$T_n=\bar{\boldsymbol{x}}^{\mathrm{T}}\bar{\boldsymbol{x}}+\operatorname{tr}(\boldsymbol{S}_n-\boldsymbol{I}_p)^2, \tag{2.1}$$

其中，$\operatorname{tr}(\boldsymbol{S}_n-\boldsymbol{I}_p)^2$ 是平方损失，用于估计协方差矩阵．下面的定理给出了在原假设 H_{02} 成立时检验统计量 T_n 的渐近原分布．

定理 2.1.1 若假定[A]－[B]成立．在原假设 H_{02} 成立下，当 $n\to\infty$ 和 $p\to\infty$ 且 $p/n\to y\in(0, \infty)$ 时，则

$$\sigma_0^{-1}(T_n-\mu_0)\xrightarrow{D}N(0, 1),$$

其中，

$$\mu_0=p^2/n+p(\beta_w+2)/n \text{ 及 } \sigma_0^2=4y^3(\beta_w+2)+4y^2.$$

此定理的证明见 2.3.1 节．

在 H_{02} 成立下，我们可得到 $\boldsymbol{x}_i=\boldsymbol{w}_i$ ．因此参数 β_w 可以用矩估计的方法来估计，即

$$\hat{\beta}_w=(np)^{-1}\sum_{i=1}^{n}\sum_{j=1}^{p}x_{ji}^4-3.$$

令 α 是真实的第一类误差，$q_{1-\alpha}$ 是标准正态分布 $N(0, 1)$的 $100(1-\alpha)\%$分位数．则这个检验的拒绝域为

$$\{x_1, \cdots, x_n: T_n>\mu_0+\sigma_0 q_{1-\alpha/2} \text{ 或 } T_n<\mu_0+\sigma_0 q_{\alpha/2}\}.$$

下面的定理将给出 T_n 在备择假设下的渐近分布．本质上说，当 $\boldsymbol{\mu}=\boldsymbol{0}_p$ 和 $\boldsymbol{\Sigma}=\boldsymbol{I}_p$ 时定理 2.1.1 是下面的定理 2.1.2 的特殊情形．

定理 2.1.2 若假定[A]－[B]成立．当 $n\to\infty$ 和 $p\to\infty$ 且 $p/n\to y\in(0, \infty)$ 时，则有

$$\sigma_A^{-1}(T_n - \mu_A) \xrightarrow{D} N(0,\ 1),$$

其中，

$$\begin{aligned}\mu_A &= n^{-1}\mathrm{tr}\boldsymbol{\Sigma} + \mathrm{tr}(\boldsymbol{\Sigma} - \boldsymbol{I}_p)^2 - \boldsymbol{\mu}^{\mathrm{T}}\boldsymbol{\mu} \\ &+ n^{-1}\mathrm{tr}\boldsymbol{\Sigma}^2 + \beta_w n^{-1}\sum_{k=1}^{p}(\boldsymbol{e}_k^{\mathrm{T}}\boldsymbol{\Sigma}\boldsymbol{e}_k)^2 + n^{-1}(\mathrm{tr}\boldsymbol{\Sigma})^2 \\ &+ 2(n+1)n^{-1}\boldsymbol{\mu}^{\mathrm{T}}\boldsymbol{\Sigma}\boldsymbol{\mu} + 4n^{-1}E(\boldsymbol{x}_1 - \boldsymbol{\mu})^{\mathrm{T}}(\boldsymbol{x}_1 - \boldsymbol{\mu})(\boldsymbol{x}_1 - \boldsymbol{\mu})^{\mathrm{T}}\boldsymbol{\mu} \\ &+ 2\boldsymbol{\mu}^{\mathrm{T}}\boldsymbol{\mu}(n^{-1}\mathrm{tr}\boldsymbol{\Sigma}) + (\boldsymbol{\mu}^{\mathrm{T}}\boldsymbol{\mu})^2,\end{aligned}$$

$$\sigma_A^2 \leqslant C_1 + C_2(\boldsymbol{\mu}^{\mathrm{T}}\boldsymbol{\mu})^2 + C_3\boldsymbol{\mu}^{\mathrm{T}}\boldsymbol{\mu},$$

其中，C_1，C_2，C_3 是正常数及 $\boldsymbol{e}_k$ 是 p 阶单位阵的第 k 列. 而且理论势函数为

$$\beta_{T_n} = 1 - \Phi\left(\frac{\mu_0 - \mu_A + \sigma_0 q_{1-\alpha/2}}{\sigma_A}\right) + \Phi\left(\frac{\mu_0 - \mu_A + \sigma_0 q_{\alpha/2}}{\sigma_A}\right) \tag{2.2}$$

其中，$\Phi(\cdot)$ 代表 $N(0,\ 1)$的概率分布函数，$q_{\alpha/2}$ 是 $N(0,\ 1)$的 $\alpha/2$ 分位数，$q_{1-\alpha/2}$ 是 $N(0,\ 1)$的 $1-\alpha/2$ 分位数.

此定理的证明见 2.3.1 节.

注 1　在计算(2.2)的理论势函数中，$\boldsymbol{\mu}$ 和 $\boldsymbol{\Sigma}$ 是已知的. 令 $\boldsymbol{w}_i = \boldsymbol{\Sigma}^{-1/2}(\boldsymbol{x}_i - \boldsymbol{\mu})$，则参数 β_w 能用矩估计的方法进行估计，即

$$\hat{\beta}_w = (np)^{-1}\sum_{i=1}^{n}\sum_{j=1}^{p} w_{ji}^4 - 3.$$

定理 2.1.3　设假定[A]-[B]成立，若 $\boldsymbol{\mu} = \varepsilon\boldsymbol{1}_p$，$\boldsymbol{\Sigma} = \boldsymbol{I}_p$ 或 $\boldsymbol{\mu} = \boldsymbol{0}_p$，$\boldsymbol{\Sigma} - \boldsymbol{I}_p = \boldsymbol{\varepsilon}\boldsymbol{I}_p$，其中，$\boldsymbol{\varepsilon}$ 是一个非负的常数，且 $\boldsymbol{1}_p$ 是一个所有元素为 1 的 p 维列向量，则 $\beta_{T_n} \to 1$.

此定理的证明见 2.3.2 节.

注 2　事实上，仅仅当 ε 是一个非常小的正常数，当 n 和 p 足够大时，我们就有 $\beta_{T_n} > \alpha$. 也就是说统计量 T_n 是一个渐近无偏统计量，它的渐近势函数比检验的第一类误差大，甚至备择假设非常接近于原假设.

2.2　模拟研究

随机样本为 $\{\boldsymbol{x}_i = \boldsymbol{\mu} + \boldsymbol{\Sigma}^{1/2}(\boldsymbol{w}_i - m(F))/\sigma(F),\ i = 1,\ \cdots,\ n\}$，元素 $\{\boldsymbol{w}_{1i},\ \cdots,\ \boldsymbol{w}_{pi}\}$ 是取自分布 $F(\cdot)$ 的 i. i. d. 样本，这个分布的均值是 $m(F)$，标准差是 $\sigma(F)$. 对于分布 $F(\cdot)$，我们考虑下面几种情况：

(1)标准正态分布 $N(0,\ 1)$；

(2)均值为 2 的伽马分布 Gamma(4, 2);

(3)自由度为 3 的 χ^2 分布.

样本量取为 $n=55$, 105, 205, 305, 维数取为 $p=50$, 100, 200, 300, 500, 1 000. 第一类误差取为 5%, 总体的均值向量和协方差矩阵为:

• 模型Ⅰ: $\boldsymbol{\mu}=\mathbf{0}_p$ 及 $\boldsymbol{\Sigma}=\boldsymbol{I}_p$.

• 模型Ⅱ: $\boldsymbol{\mu}=(\boldsymbol{\varepsilon}\mathbf{1}_{p_1}, \mathbf{0}_{p-p_1})^{\mathrm{T}}$, $\varepsilon=0.3$, 0.5 及 $p_1=[p/5]$, 其中, $[x]$ 表示 x 的取整函数, 且 $\boldsymbol{\Sigma}=\boldsymbol{I}_p$.

• 模型Ⅲ: $\boldsymbol{\mu}=(\boldsymbol{\varepsilon}\mathbf{1}_{p_1}, \mathbf{0}_{p-p_1})^{\mathrm{T}}$, $\varepsilon=0.1$, $p_1=0$ 或 $[p/2]$, 且 $\boldsymbol{\Sigma}=(\sigma_{ij})_{p\times p}$, 其中, 若 $i=j$, $\sigma_{ij}=1$; 若 $0<|i-j|\leqslant 3$, $\sigma_{ij}=0.1$; 若 $|i-j|>3$, $\sigma_{ij}=0$.

• 模型Ⅳ: $\boldsymbol{\mu}=(\boldsymbol{\varepsilon}\mathbf{1}_{p_1}, \mathbf{0}_{p-p_1})^{\mathrm{T}}$, $\varepsilon=0.1$, $p_1=0$ 或 $[p/2]$, 且 $\boldsymbol{\Sigma}=(1-\rho)\boldsymbol{I}_p+\rho\boldsymbol{J}_p$, $\rho=0.05$, 其中 $\boldsymbol{J}_p$ 表示所有元素都是 1 的 $p\times p$ 阶矩阵.

对于每一个模型, 我们运行了 10 000 次来获得 T_n 的经验第一类误差和经验势. 作为比较, 我们也评价了 Jiang 等[21]提出的修正统计量(CLRT)的结果. 在模型Ⅰ下, 对正态数据, 表 2.1 列出了 T_n 和 CLRT 的经验第一类误差. 模拟结果显示, 当 n 和 p 增加时, 这两个检验的经验第一类误差是相似的, 都接近真实的第一类误差 $\alpha=0.05$. 在模型Ⅱ～Ⅳ下, 对正态数据, 表 2.2～表 2.4 列出了 T_n 和 CLRT 的经验势. 模拟结果显示 T_n 的势比 CLRT 的势大. 而且, 对于 $p>n$, T_n 表现得非常好, 而 CLRT 仅仅对 $n>p+1$ 是有效的. 此外, 对正态数据, 表 2.5 列出了 T_n 的经验第一类误差. 从表中可以看出, 经验第一类误差也是接近于真实的第一类误差 $\alpha=0.05$, 这就说明我们提出的方法对非正态是稳健的. 在备择假设下, 对伽马分布和 χ^2 分布, 表 2.6～表 2.8 列出了 T_n 的经验势. 在表 2.2～表 2.4(表 2.6～表 2.8 也有同样的现象)中, 我们发现一个有趣的现象: 当固定样本量 n 和增加维数 p 时, 表 2.2 和表 2.4 中的势在增大, 而表 2.3 中势在减小. 我们认为这个矛盾是因为模型Ⅲ中协方差矩阵 $\boldsymbol{\Sigma}$ 随着 p 的增大而变得更稀疏. 相反的, 模型Ⅱ和模型Ⅳ中的 $\boldsymbol{\Sigma}$ 不是稀疏的, 其结果是随着 p 的增大势在增大. 我们也比较了 T_n 的经验势和理论势. 从图 2.1 和图 2.2 可以看出经验势和理论势是很接近的.

表 2.1 在模型Ⅰ下对正态数据，T_n 和 CLRT 的经验第一类误差(%)

n	方法	p					
		50	100	200	300	500	1 000
55	CLRT	5.28	—	—	—	—	—
	T_n	4.60	4.77	4.41	5.02	5.03	5.12
105	CLRT	5.44	5.41	—	—	—	—
	T_n	4.81	4.87	4.63	4.75	5.04	4.87
205	CLRT	5.62	5.25	5.35	—	—	—
	T_n	4.97	4.80	5.08	4.89	4.85	4.93
305	CLRT	5.70	5.36	5.40	5.34	—	—
	T_n	4.93	4.77	4.58	4.98	5.00	5.00

表 2.2 在模型Ⅱ下对正态数据，T_n 和 CLRT 的经验势(%)

ε	n	方法	p					
			50	100	200	300	500	1 000
0.3	55	CLRT	8.68	—	—	—	—	—
		T_n	19.2	30.5	50.5	66.8	86.2	98.8
	105	CLRT	33.8	13.9	—	—	—	—
		T_n	46.4	69.3	92.2	98.2	99.9	100
	205	CLRT	89.1	83.5	30.9	—	—	—
		T_n	89.3	98.9	99.9	100	100	100
	305	CLRT	99.8	99.6	97.1	54.3	—	—
		T_n	99.3	100	100	100	100	100

续表

ε	n	方法	p					
			50	100	200	300	500	1 000
0.5	55	CLRT	28.0	—	—	—	—	—
		T_n	93.3	99.7	100	100	100	100
	105	CLRT	97.5	63.4	—	—	—	—
		T_n	100	100	100	100	100	100
	205	CLRT	100	100	98.2	—	—	—
		T_n	100	100	100	100	100	100
	305	CLRT	100	100	100	99.9	—	—
		T_n	100	100	100	100	100	100

表 2.3　在模型Ⅲ下对正态数据，T_n 和 CLRT 的经验势(%)

p_1	n	方法	p					
			50	100	200	300	500	1 000
0	55	CLRT	32.9	—	—	—	—	—
		T_n	54.4	41.3	27.8	21.4	15.4	10.9
	105	CLRT	98.9	72.6	—	—	—	—
		T_n	97.7	95.0	85.5	75.0	57.5	36.9
	205	CLRT	100	100	99.5	—	—	—
		T_n	100	100	100	99.9	99.9	98.0
	305	CLRT	100	100	100	100	—	—
		T_n	100	100	100	100	100	100

续表

p_1	n	方法	p					
			50	100	200	300	500	1 000
$[p/2]$	55	CLRT	37.6	—	—	—	—	—
		T_n	65.1	54.7	44.2	39.7	35.6	36.1
	105	CLRT	99.6	79.7	—	—	—	—
		T_n	99.0	98.7	96.2	93.2	88.9	85.4
	205	CLRT	100	100	99.9	—	—	—
		T_n	100	100	100	100	100	100
	305	CLRT	100	100	100	100	—	—
		T_n	100	100	100	100	100	100

表 2.4　在模型Ⅳ下对正态数据，T_n 和 CLRT 的经验势(%)

p_1	n	方法	p					
			50	100	200	300	500	1 000
0	55	CLRT	11.8	—	—	—	—	—
		T_n	47.9	69.3	85.5	90.8	94.6	97.1
	105	CLRT	55.5	34.0	—	—	—	—
		T_n	88.9	98.8	99.9	100	99.9	100
	205	CLRT	98.2	99.7	86.9	—	—	—
		T_n	99.9	100	100	100	100	100
	305	CLRT	100	100	100	99.6	—	—
		T_n	100	100	100	100	100	100

续表

p_1	n	方法	p					
			50	100	200	300	500	1 000
$[p/2]$	55	CLRT	14.6	—	—	—	—	—
		T_n	57.4	77.9	91.4	95	97.4	98.7
	105	CLRT	68.7	41.9	—	—	—	—
		T_n	94.3	99.5	100	100	100	100
	205	CLRT	99.6	99.9	93.4	—	—	—
		T_n	100	100	100	100	100	100
	305	CLRT	100	100	100	99.94	—	—
		T_n	100	100	100	100	100	100

表 2.5　在模型Ⅰ下对非正态数据，T_n 的经验第一类误差(%).

n	p											
	Gamma(4，2)						$\chi^2(3)$					
	50	100	200	300	500	1 000	50	100	200	300	500	1 000
55	5.22	5.05	5.01	5.04	4.91	4.73	6.05	5.24	5.23	5.47	5.57	4.82
105	5.00	4.92	4.73	5.02	4.91	5.15	5.97	5.15	5.32	5.14	5.44	5.21
205	5.50	5.20	4.88	4.68	4.67	4.79	6.48	5.90	5.41	5.08	4.98	5.40
305	5.48	5.39	5.14	4.99	5.11	5.12	7.14	5.63	5.07	5.33	4.77	5.02

表 2.6　在模型Ⅱ下对非正态数据，T_n 的经验势(%).

ε	n	p											
		Gamma(4，2)						$\chi^2(3)$					
		50	100	200	300	500	1 000	50	100	200	300	500	1 000
0.3	55	14.9	20.2	33.0	43.8	63.2	89.6	12.0	14.6	21.7	29.4	42.6	70.2
	105	34.8	51.6	76.0	88.5	98.0	99.9	27.4	37.5	56.2	71.0	88.6	99.2
	205	79.5	95.6	99.7	100	100	100	68.9	86.7	98.3	99.8	99.9	100
	305	97.4	99.9	100	100	100	100	93.9	99.3	99.9	100	100	100
0.5	55	82.1	97.1	99.9	100	100	100	67.7	89.4	99.3	99.9	100	100
	105	99.7	100	100	100	100	100	99.0	100	100	100	100	100
	205	100	100	100	100	100	100	100	100	100	100	100	100
	305	100	100	100	100	100	100	100	100	100	100	100	100

表 2.7　在模型Ⅲ下对非正态数据，T_n 的经验势(%).

p_1	n	p											
		Gamma(4，2)						$\chi^2(3)$					
		50	100	200	300	500	1 000	50	100	200	300	500	1 000
0	55	44.0	31.6	20.9	16.1	12.5	9.4	33.9	23.7	15.5	13.1	10.5	8.10
	105	95.1	88.6	72.0	58.5	42.3	25.9	88.6	76.1	55.6	42.8	29.6	19.1
	205	100	100	100	99.9	99.1	89.9	100	100	99.8	99.1	93.8	74.2
	305	100	100	100	100	100	99.9	100	100	100	100	100	99.4
$[p/2]$	55	52.6	41.6	32.3	27.5	25.2	25.3	41.6	31.4	23.6	21.1	18.1	18.6
	105	97.3	94.1	86.3	79.5	71.8	66.2	92.8	84.8	71.3	62.8	54.4	48.6
	205	100	100	100	100	99.9	99.8	100	100	99.9	99.8	99.5	97.6
	305	100	100	100	100	100	100	100	100	100	100	100	100

表 2.8　在模型Ⅳ下对非正态数据，T_n 的经验势(%).

p_1	n	Gamma(4, 2)						$\chi^2(3)$					
		50	100	200	300	500	1 000	50	100	200	300	500	1 000
0	55	39.3	59.9	77.5	85.4	91.1	95.8	31.1	47.4	67.1	77.5	85.9	93.2
	105	84.1	97.2	99.6	99.9	99.9	100	75.5	93.4	99.1	99.7	99.9	100
	205	99.9	100	100	100	100	100	99.6	100	100	100	100	100
	305	100	100	100	100	100	100	100	100	100	100	100	100
[p/2]	55	47.2	67.7	82.9	89.4	94.4	97.7	38.3	55.4	73.9	82.5	89.7	95.3
	105	89.3	98.3	99.8	99.9	100	100	81.6	95.4	99.3	99.8	99.9	100
	205	99.9	100	100	100	100	100	99.8	100	100	100	100	100
	305	100	100	100	100	100	100	100	100	100	100	100	100

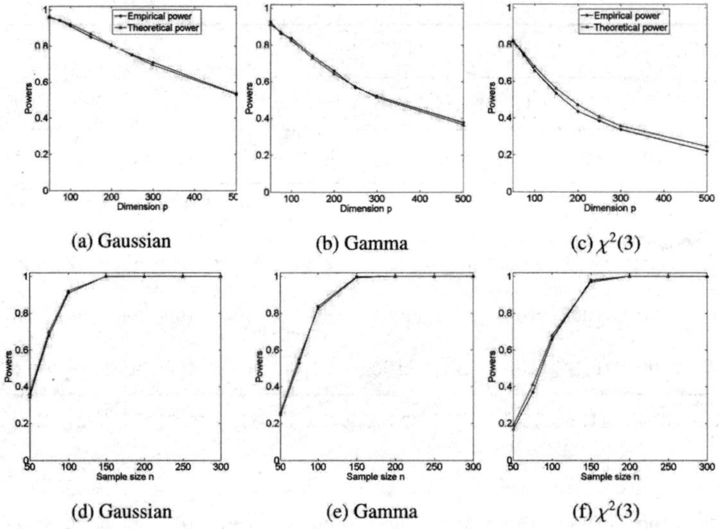

图 2.1　备择假设 H_{12}：$\boldsymbol{\mu}=\mathbf{0}_p$，$\boldsymbol{\Sigma}=(\sigma_{ij})_{p\times p}$ 成立时基于 1 000 次循环 T_n 的经验势和理论势，其中若 $i=j$，$\sigma_{ij}=1$；若 $0<|i-j|\leqslant 3$，$\sigma_{ij}=0.1$；若 $|i-j|>3$，$\sigma_{ij}=0$. 第一行的三个图都取 $n=100$，第二行的三个图都取 $p=100$.

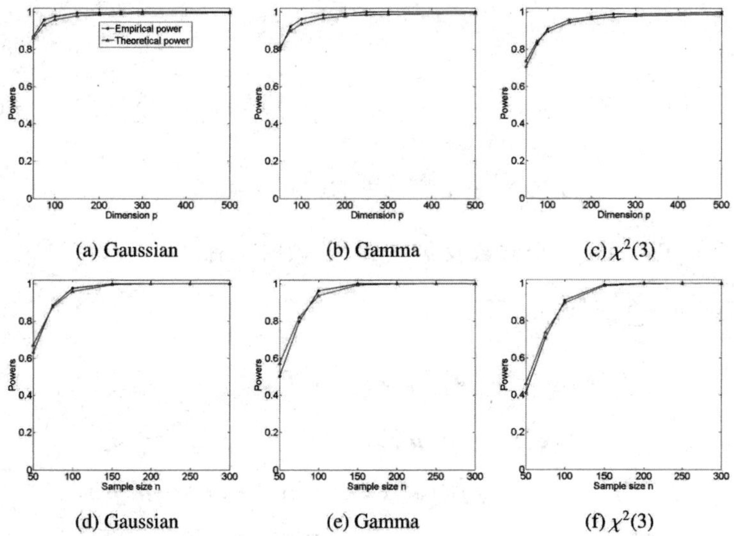

(a) Gaussian　(b) Gamma　(c) $\chi^2(3)$

(d) Gaussian　(e) Gamma　(f) $\chi^2(3)$

图 2.2 备择假设 H_{12}：$\boldsymbol{\mu}=0_p$，$\boldsymbol{\Sigma}=0.95\boldsymbol{I}_p+0.05\boldsymbol{J}_p$ **成立时基于** 1 000 **次循环** T_n **的经验势和理论势，其中** $\boldsymbol{J}_p$ **表示所有元素都是** 1 **的** $p\times p$ **矩阵．第一行的三个图都取** $n=100$，**第二行的三个图都取** $p=100$.

2.3　主要定理的证明

2.3.1　定理 2.1.1 和定理 2.1.2 的证明

回想定理 2.1.1 是定理 2.1.2 在 $\boldsymbol{\mu}=\boldsymbol{0}_p$ 和 $\boldsymbol{\Sigma}=\boldsymbol{I}_p$ 时的特例，所以我们首先给出定理 2.1.2 的证明．整个证明分为两步：

• 第一步，当 n，$p\to\infty$ 及 $p/n\to y\in(0,\infty)$ 时，我们将在 $\boldsymbol{\mu}^{\mathrm{T}}\boldsymbol{\Sigma}\boldsymbol{\mu}$ 趋于一个常数及 $n^{-1}\mathrm{tr}\boldsymbol{\Sigma}^2$ 收敛的情况下证明 $\bar{\boldsymbol{x}}^{\mathrm{T}}\bar{\boldsymbol{x}}-E(\bar{\boldsymbol{x}}^{\mathrm{T}}\bar{\boldsymbol{x}})\xrightarrow{\mathrm{P}}0$；

• 第二步，我们将证明 $\mathrm{tr}(\boldsymbol{S}_n-\boldsymbol{I}_p)^2-E\mathrm{tr}(\boldsymbol{S}_n-\boldsymbol{I}_p)^2$ 的中心极限定理．

第一步：经变形，得

$$\bar{\boldsymbol{x}}^{\mathrm{T}}\bar{\boldsymbol{x}}=n^{-2}\sum_{i\neq j}\boldsymbol{x}_i^{\mathrm{T}}\boldsymbol{x}_j+n^{-2}\sum_{i=1}^{n}\boldsymbol{x}_i^{\mathrm{T}}\boldsymbol{x}_i.$$

经推导可得到

$$\mathrm{Var}(n^{-2}\sum_{i=1}^{n}\boldsymbol{x}_i^{\mathrm{T}}\boldsymbol{x}_i)=n^{-3}\ \mathrm{Var}(\boldsymbol{x}_1^{\mathrm{T}}\boldsymbol{x}_1)=n^{-3}\ E(\boldsymbol{x}_1^{\mathrm{T}}\boldsymbol{x}_1-\mathrm{tr}\boldsymbol{\Sigma})^2$$

$$=n^{-3}\left[2\mathrm{tr}\boldsymbol{\Sigma}^2+\beta_w\sum_{l=1}^{p}(\boldsymbol{e}_l^{\mathrm{T}}\boldsymbol{\Sigma}\boldsymbol{e}_l)^2\right].$$

详细推导见附录. 则当 $p/n\to y\in(0,\ \infty)$ 时，$\mathrm{Var}(n^{-2}\sum_{i=1}^{n}\boldsymbol{x}_i^{\mathrm{T}}\boldsymbol{x}_i)\to 0$. 即

$$n^{-2}\sum_{i=1}^{n}\boldsymbol{x}_i^{\mathrm{T}}\boldsymbol{x}_i-n^{-1}E\boldsymbol{x}_1^{\mathrm{T}}\boldsymbol{x}_1\xrightarrow{\mathrm{D}}0.$$

而且，当 $\boldsymbol{\mu}^{\mathrm{T}}\boldsymbol{\Sigma\mu}$ 趋于一个常数及 $\boldsymbol{n}^{-1}\mathrm{tr}\boldsymbol{\Sigma}^2$ 收敛时，有

$$\begin{aligned}
&\mathrm{Var}(n^{-2}\sum_{i\neq j}\boldsymbol{x}_i^{\mathrm{T}}\boldsymbol{x}_j)\\
&=n^{-4}\sum_{i\neq j}\sum_{k\neq l}E(\boldsymbol{x}_i^{\mathrm{T}}\boldsymbol{x}_j-\boldsymbol{\mu}^{\mathrm{T}}\boldsymbol{\mu})(\boldsymbol{x}_k^{\mathrm{T}}\boldsymbol{x}_l-\boldsymbol{\mu}^{\mathrm{T}}\boldsymbol{\mu})\\
&=2n^{-4}n(n-1)E(\boldsymbol{x}_1^{\mathrm{T}}\boldsymbol{x}_2-\boldsymbol{\mu}^{\mathrm{T}}\boldsymbol{\mu})^2\\
&\quad+4n^{-4}n(n-1)(n-2)E(\boldsymbol{x}_1^{\mathrm{T}}\boldsymbol{x}_2-\boldsymbol{\mu}^{\mathrm{T}}\boldsymbol{\mu})(\boldsymbol{x}_2^{\mathrm{T}}\boldsymbol{x}_3-\boldsymbol{\mu}^{\mathrm{T}}\boldsymbol{\mu})\\
&=2n^{-3}n\,\mathrm{tr}\boldsymbol{\Sigma}^2+4n^{-3}(n-1)(n-2)\boldsymbol{\mu}^{\mathrm{T}}\boldsymbol{\Sigma\mu}\\
&\to 0.
\end{aligned}$$

详细推导见附录. 这表明，

$$n^{-2}\sum_{i\neq j}\boldsymbol{x}_i^{\mathrm{T}}\boldsymbol{x}_j-n^{-1}(n-1)\boldsymbol{\mu}^{\mathrm{T}}\boldsymbol{\mu}\xrightarrow{D}0.$$

到此为止我们证明了 $\bar{\boldsymbol{x}}^{\mathrm{T}}\bar{\boldsymbol{x}}-E(\bar{\boldsymbol{x}}^{\mathrm{T}}\bar{\boldsymbol{x}})\xrightarrow{D}0$.

第二步：我们将证明 $\mathrm{tr}(\boldsymbol{S}_n-\boldsymbol{I}_p)^2-E\mathrm{tr}(\boldsymbol{S}_n-\boldsymbol{I}_p)^2$ 的中心极限定理. 这一步的基本思路是利用鞅差中心极限定理. 由事实

$$\boldsymbol{x}_i\boldsymbol{x}_i^{\mathrm{T}}=(\boldsymbol{x}_i-\boldsymbol{\mu})(\boldsymbol{x}_i-\boldsymbol{\mu})^{\mathrm{T}}+(\boldsymbol{x}_i-\boldsymbol{\mu})\boldsymbol{\mu}^{\mathrm{T}}+\boldsymbol{\mu}(\boldsymbol{x}_i-\boldsymbol{\mu})^{\mathrm{T}}+\boldsymbol{\mu\mu}^{\mathrm{T}},$$

我们得到

$$E\bar{\boldsymbol{x}}^{\mathrm{T}}\bar{\boldsymbol{x}}=n^{-2}\sum_{i=1}^{n}\sum_{j=1}^{n}E\boldsymbol{x}_i^{\mathrm{T}}\boldsymbol{x}_j=\boldsymbol{\mu}^{\mathrm{T}}\boldsymbol{\mu}+n^{-1}\mathrm{tr}\boldsymbol{\Sigma},$$

且

$$\begin{aligned}
E\mathrm{tr}\boldsymbol{S}_n^2=&\mathrm{tr}\boldsymbol{\Sigma}^2+n^{-1}\mathrm{tr}\boldsymbol{\Sigma}^2+\beta_w n^{-1}\sum_{k=1}^{p}(\boldsymbol{e}_k^{\mathrm{T}}\boldsymbol{\Sigma}\boldsymbol{e}_k)^2\\
&+n^{-1}(\mathrm{tr}\boldsymbol{\Sigma})^2+2(n+1)n^{-1}\boldsymbol{\mu}^{\mathrm{T}}\boldsymbol{\Sigma\mu}\\
&+4n^{-1}E(\boldsymbol{x}_1-\boldsymbol{\mu})^{\mathrm{T}}(\boldsymbol{x}_1-\boldsymbol{\mu})(\boldsymbol{x}_1-\boldsymbol{\mu})^{T}\boldsymbol{\mu}\\
&+2\boldsymbol{\mu}^{\mathrm{T}}\boldsymbol{\mu}(n^{-1}\mathrm{tr}\boldsymbol{\Sigma})+(\boldsymbol{\mu}^{\mathrm{T}}\boldsymbol{\mu})^2.
\end{aligned}$$

则统计量 $\bar{\boldsymbol{x}}^{\mathrm{T}}\bar{\boldsymbol{x}}+\mathrm{tr}(\boldsymbol{S}_n-\boldsymbol{I}_p)^2$ 的均值为

$$\begin{aligned}
\boldsymbol{\mu}_A &= E\bar{\boldsymbol{x}}^{\mathrm{T}}\bar{\boldsymbol{x}} + E\operatorname{tr}\boldsymbol{S}_n^2 - 2E\operatorname{tr}\boldsymbol{S}_n + p \\
&= \boldsymbol{\mu}^{\mathrm{T}}\boldsymbol{\mu} + n^{-1}\operatorname{tr}\boldsymbol{\Sigma} - 2\operatorname{tr}\boldsymbol{\Sigma} - 2\boldsymbol{\mu}^{\mathrm{T}}\boldsymbol{\mu} + p + \operatorname{tr}\boldsymbol{\Sigma}^2 + n^{-1}\operatorname{tr}\boldsymbol{\Sigma}^2 \\
&\quad + \beta_w n^{-1}\sum_{k=1}^{p}(\boldsymbol{e}_k^{\mathrm{T}}\boldsymbol{\Sigma}\boldsymbol{e}_k)^2 + n^{-1}(\operatorname{tr}\boldsymbol{\Sigma})^2 + 2(n+1)n^{-1}\boldsymbol{\mu}^{\mathrm{T}}\boldsymbol{\Sigma}\boldsymbol{\mu} \\
&\quad + 4n^{-1}E(\boldsymbol{x}_1-\boldsymbol{\mu})^{\mathrm{T}}(\boldsymbol{x}_1-\boldsymbol{\mu})(\boldsymbol{x}_1-\boldsymbol{\mu})^{\mathrm{T}}\boldsymbol{\mu} \\
&\quad + 2\boldsymbol{\mu}^{\mathrm{T}}\boldsymbol{\mu}(n^{-1}\operatorname{tr}\boldsymbol{\Sigma}) + (\boldsymbol{\mu}^{\mathrm{T}}\boldsymbol{\mu})^2 \\
&= n^{-1}\operatorname{tr}\boldsymbol{\Sigma} + \operatorname{tr}(\boldsymbol{\Sigma}-\boldsymbol{I}_p)^2 - \boldsymbol{\mu}^{\mathrm{T}}\boldsymbol{\mu} \\
&\quad + n^{-1}\operatorname{tr}\boldsymbol{\Sigma}^2 + \beta_w n^{-1}\sum_{k=1}^{p}(\boldsymbol{e}_k^{\mathrm{T}}\boldsymbol{\Sigma}\boldsymbol{e}_k)^2 + n^{-1}(\operatorname{tr}\boldsymbol{\Sigma})^2 \\
&\quad + 2(n+1)n^{-1}\boldsymbol{\mu}^{\mathrm{T}}\boldsymbol{\Sigma}\boldsymbol{\mu} + 4n^{-1}E(\boldsymbol{x}_1-\boldsymbol{\mu})^{\mathrm{T}}(\boldsymbol{x}_1-\boldsymbol{\mu})(\boldsymbol{x}_1-\boldsymbol{\mu})^{\mathrm{T}}\boldsymbol{\mu} \\
&\quad + 2\boldsymbol{\mu}^{\mathrm{T}}\boldsymbol{\mu}(n^{-1}\operatorname{tr}\boldsymbol{\Sigma}) + (\boldsymbol{\mu}^{\mathrm{T}}\boldsymbol{\mu})^2.
\end{aligned}$$

对 $\ell=1, 2, \cdots, n$，令 $\boldsymbol{r}_\ell = n^{-1/2}\boldsymbol{w}_\ell$，其中 $\boldsymbol{w}_\ell=\boldsymbol{\Sigma}^{-1/2}(\boldsymbol{x}_\ell-\boldsymbol{\mu})$，则可得到

$$\begin{aligned}
&\operatorname{tr}(\boldsymbol{S}_n-\boldsymbol{I}_p)^2 - E\operatorname{tr}(\boldsymbol{S}_n-\boldsymbol{I}_p)^2 \\
&= \sum_{j=1}^{n}(E_{\mathrm{j}}-E_{\mathrm{j-1}})(\operatorname{tr}\boldsymbol{S}_n^2 - 2\operatorname{tr}\boldsymbol{S}_n + p) \\
&= \sum_{j=1}^{n}[(E_j-E_{j-1})\operatorname{tr}\boldsymbol{S}_n^2 - 2(E_{\mathrm{j}}-E_{\mathrm{j-1}})\operatorname{tr}\boldsymbol{S}_n],
\end{aligned}$$

其中，E_j 是给定 $\{\boldsymbol{r}_1, \boldsymbol{r}_2, \cdots, \boldsymbol{r}_j\}$ 时的条件期望，

$(E_j-E_{j-1})\operatorname{tr}\boldsymbol{S}_n = E_j\operatorname{tr}\boldsymbol{S}_n - E_{j-1}\operatorname{tr}\boldsymbol{S}_n = \boldsymbol{r}_j^{\mathrm{T}}\boldsymbol{\Sigma}\boldsymbol{r}_j - n^{-1}\operatorname{tr}\boldsymbol{\Sigma} + 2n^{-1/2}\boldsymbol{\mu}^{\mathrm{T}}\boldsymbol{\Sigma}^{1/2}\boldsymbol{r}_j$，

且

$$\begin{aligned}
&(E_\ell - E_{\ell-1})\operatorname{tr}\boldsymbol{S}_n^2 \\
&= 2n^{-1}(n-\ell)(\boldsymbol{r}_\ell^{\mathrm{T}}\boldsymbol{\Sigma}^2\boldsymbol{r}_\ell - n^{-1}\operatorname{tr}\boldsymbol{\Sigma}^2) + [(\boldsymbol{e}_\ell^{\mathrm{T}}\boldsymbol{\Sigma}\boldsymbol{e}_\ell)^2 - E(\boldsymbol{e}_\ell^{\mathrm{T}}\boldsymbol{\Sigma}\boldsymbol{e}_\ell)^2] \\
&\quad + 2\mathrm{r}_\ell^{\mathrm{T}}\boldsymbol{\Sigma}\Big(\sum_{j=1}^{\ell-1}\boldsymbol{r}_j\boldsymbol{r}_j^{\mathrm{T}}\Big)\boldsymbol{\Sigma}\mathrm{r}_\ell - 2\operatorname{tr}\boldsymbol{\Sigma}^2\Big(\sum_{j=1}^{\ell-1}\boldsymbol{r}_j\boldsymbol{r}_j^{\mathrm{T}}\Big) + 4n^{-3/2}(n-\ell)\boldsymbol{\mu}^{\mathrm{T}}\boldsymbol{\Sigma}^{3/2}\boldsymbol{r}_\ell \\
&\quad + 4n^{-1/2}\boldsymbol{r}_\ell^{\mathrm{T}}\boldsymbol{\Sigma}\Big(\sum_{j=1}^{\ell-1}\boldsymbol{r}_j\boldsymbol{r}_j^{\mathrm{T}}\Big)\boldsymbol{\mu}^{\mathrm{T}}\boldsymbol{\Sigma}^{1/2}\boldsymbol{r}_\ell - 4n^{-1/2}\operatorname{tr}\boldsymbol{\Sigma}^{3/2}\Big(\sum_{j=1}^{\ell-1}\boldsymbol{r}_j\boldsymbol{r}_j^{\mathrm{T}}\Big)\boldsymbol{\mu}^{\mathrm{T}} \\
&\quad + 4n^{-1/2}\boldsymbol{\mu}^{\mathrm{T}}\boldsymbol{\Sigma}^{1/2}\Big(\sum_{j=1}^{\ell-1}\boldsymbol{r}_j\boldsymbol{r}_j^{\mathrm{T}}\Big)\boldsymbol{\Sigma}\boldsymbol{r}_\ell + 4n^{-1/2}\boldsymbol{\mu}^{\mathrm{T}}\boldsymbol{\Sigma}^{1/2}\boldsymbol{r}_\ell(n^{-1}\operatorname{tr}\boldsymbol{\Sigma}) \\
&\quad + 4n^{-1/2}\boldsymbol{\mu}^{\mathrm{T}}\boldsymbol{\Sigma}^{1/2}\boldsymbol{r}_\ell(\boldsymbol{r}_\ell^{\mathrm{T}}\boldsymbol{\Sigma}\boldsymbol{r}_\ell - n^{-1}\operatorname{tr}\boldsymbol{\Sigma}) - 4n^{-1/2}E\boldsymbol{\mu}^{\mathrm{T}}\boldsymbol{\Sigma}^{1/2}\boldsymbol{r}_\ell(\boldsymbol{r}_\ell^{\mathrm{T}}\boldsymbol{\Sigma}\boldsymbol{r}_\ell - n^{-1}\operatorname{tr}\boldsymbol{\Sigma}) \\
&\quad + 2(1+n^{-1})\boldsymbol{\mu}^{\mathrm{T}}\boldsymbol{\Sigma}^{1/2}\boldsymbol{r}_\ell\boldsymbol{r}_\ell^{\mathrm{T}}\boldsymbol{\Sigma}^{1/2}\boldsymbol{\mu} - 2(1+n^{-1})n^{-1}\boldsymbol{\mu}^{\mathrm{T}}\boldsymbol{\Sigma}\boldsymbol{\mu}
\end{aligned}$$

$$+4n^{-1}\boldsymbol{\mu}^{\mathrm{T}}\boldsymbol{\Sigma}^{1/2}\boldsymbol{r}_{\ell}\boldsymbol{\mu}^{\mathrm{T}}\boldsymbol{\Sigma}^{1/2}(\sum_{j=1}^{\ell-1}\boldsymbol{r}_j)+4n^{-1/2}\boldsymbol{\mu}^{\mathrm{T}}\boldsymbol{\mu}\boldsymbol{\mu}^{\mathrm{T}}\boldsymbol{\Sigma}^{1/2}\boldsymbol{r}_{\ell}$$

$$+2(n^{-1}\boldsymbol{\mu}^{\mathrm{T}}\mu)(\boldsymbol{r}_{\ell}^{\mathrm{T}}\boldsymbol{\Sigma}\boldsymbol{r}_{\ell}-n^{-1}\mathrm{tr}\boldsymbol{\Sigma})+4(n^{-1}\boldsymbol{\mu}^{\mathrm{T}}\boldsymbol{\mu})\boldsymbol{r}_{\ell}^{\mathrm{T}}\boldsymbol{\Sigma}(\sum_{j=1}^{\ell-1}\boldsymbol{r}_j).$$

$\{(E_j-E_{j-1})\mathrm{tr}\boldsymbol{S}_n^2,\ j=1,2,\cdots,n\}$ 和 $\{(E_j-E_{j-1})\mathrm{tr}\boldsymbol{S}_n,\ j=1,2,\cdots,n\}$ 是两个鞅差序列，其中 $E_j(\cdot)=E(\cdot\mid\mathfrak{F}_j)$ 且 $\mathfrak{F}_0=\sigma\{\Phi,\Omega\}$，$\mathfrak{F}_0=\sigma\{\boldsymbol{x}_1,\boldsymbol{x}_2,\cdots,\boldsymbol{x}_j\}$，$j\geqslant 1$. 为了推导 $\mathrm{tr}(\boldsymbol{S}_n-\boldsymbol{I}_p)^2$ 的中心极限定理，我们仅仅需要对上面的两个鞅差序列验证李雅普诺夫条件(Lyapunov conditions). 事实上，Bai 等[82]已经为鞅差序列验证了李雅普诺夫条件，因此我们仅仅需要推导鞅差序列的方差. 定义

$$\sigma_{11A}=\sum_{j=1}^{n}[(E_j-E_{j-1})\mathrm{tr}\boldsymbol{S}_n]^2,$$

$$\sigma_{22A}=\sum_{j=1}^{n}[(E_j-E_{j-1})\mathrm{tr}\boldsymbol{S}_n^2]^2,$$

$$\sigma_{12A}=\sum_{j=1}^{n}[(E_j-E_{j-1})\mathrm{tr}\boldsymbol{S}_n][(E_j-E_{j-1})\mathrm{tr}\boldsymbol{S}_n^2],$$

则可得到

$$\sigma_A^2=\sigma_{11A}+4\sigma_{22A}-4\sigma_{12A}.$$

利用鞅差中心极限定理，可以得到

$$\sigma_A^{-1}(T_n-\boldsymbol{\mu}_A)\xrightarrow{D}N(0,1).$$

实际上，可得

$$\sum_{j=1}^{n}E_{j-1}(\boldsymbol{r}_j^{\mathrm{T}}\boldsymbol{\Sigma}\boldsymbol{r}_j-n^{-1}\mathrm{tr}\boldsymbol{\Sigma})^2=2n^{-1}\mathrm{tr}\boldsymbol{\Sigma}^2+\beta_w n^{-1}\sum_{\ell=1}^{p}(\boldsymbol{e}_{\ell}^{\mathrm{T}}\boldsymbol{\Sigma}\boldsymbol{e}_{\ell})^2,$$

$$4\sum_{j=1}^{n}E_{j-1}(n^{-1/2}\boldsymbol{\mu}^{\mathrm{T}}\boldsymbol{\Sigma}^{1/2}\boldsymbol{r}_j)^2=4(n^{-1}\boldsymbol{\mu}^{\mathrm{T}}\boldsymbol{\Sigma}\boldsymbol{\mu}),$$

$$\sum_{\ell=1}^{p}4n^{-2}(n-\ell)^2E_{\ell-1}(\boldsymbol{r}_L^{\mathrm{T}}\boldsymbol{\Sigma}^2\boldsymbol{r}_{\ell}-n^{-1}\mathrm{tr}\boldsymbol{\Sigma}^2)^2$$

$$=(4/3)[2n^{-1}\mathrm{tr}\boldsymbol{\Sigma}^4+\beta_w n^{-1}\sum_{j=1}^{p}(\boldsymbol{e}_j^{\mathrm{T}}\boldsymbol{\Sigma}^2\boldsymbol{e}_j)^2],$$

$$4\sum_{\ell=1}^{n}(n^{-1}\boldsymbol{\mu}^{\mathrm{T}}\boldsymbol{\mu})^2E_{\ell-1}(\boldsymbol{r}_{\ell}^{\mathrm{T}}\boldsymbol{\Sigma}\boldsymbol{r}_{\ell}-n^{-1}\mathrm{tr}\boldsymbol{\Sigma})^2$$

$$=4(n^{-1}\boldsymbol{\mu}^{\mathrm{T}}\boldsymbol{\mu})^2[2n^{-1}\mathrm{tr}\boldsymbol{\Sigma}^2+\beta_w n^{-1}\sum_{j=1}^{p}(e_j^{\mathrm{T}}\boldsymbol{\Sigma}e_j)^2],$$

$$4\sum_{\ell=1}^{n}\mathrm{E}_{\ell-1}(r_\ell^{\mathrm{T}}\boldsymbol{\Sigma}\sum_{i=1}^{\ell-1}r_ir_i^{\mathrm{T}}\boldsymbol{\Sigma}r_\ell-n^{-1}\sum_{i=1}^{\ell-1}r_i^{\mathrm{T}}\boldsymbol{\Sigma}^2r_i)^2$$

$$-[4(n^{-1}\mathrm{tr}\boldsymbol{\Sigma}^2)^2+(8/3)n^{-1}\mathrm{tr}\boldsymbol{\Sigma}^4+(4/3)n^{-1}\sum_{j=1}^{p}(e_j^{\mathrm{T}}\boldsymbol{\Sigma}^2e_j)^2]=o_p(1),$$

$$16n^{-2}\sum_{\ell=1}^{n}E_{\ell-1}[r_\ell^{\mathrm{T}}\boldsymbol{\Sigma}^{1/2}\boldsymbol{\mu}(\sum_{i=1}^{\ell-1}r_i)^{\mathrm{T}}\boldsymbol{\Sigma}^{1/2}\boldsymbol{\mu}]^2-8(n^{-1}\boldsymbol{\mu}^{\mathrm{T}}\boldsymbol{\Sigma}\boldsymbol{\mu})^2=o_p(1),$$

$$16n^{-1}\sum_{\ell=1}^{n}E_{\ell-1}[r_\ell^{\mathrm{T}}\boldsymbol{\Sigma}(\sum_{i=1}^{\ell-1}r_i)\boldsymbol{\mu}^{\mathrm{T}}\boldsymbol{\Sigma}^{1/2}r_\ell-n^{-1}\boldsymbol{\mu}^{\mathrm{T}}\boldsymbol{\Sigma}^{3/2}(\sum_{i=1}^{\ell-1}r_i)]^2$$

$$-8[n^{-2}\boldsymbol{\mu}^{\mathrm{T}}\boldsymbol{\Sigma}^3\boldsymbol{\mu}+(n^{-1}\boldsymbol{\mu}^{\mathrm{T}}\boldsymbol{\Sigma}\boldsymbol{\mu})(n^{-1}\mathrm{tr}\boldsymbol{\Sigma}^2)+n^{-2}\sum_{k=1}^{p}e_k^{\mathrm{T}}\boldsymbol{\Sigma}^2(e_k^{\mathrm{T}}\boldsymbol{\Sigma}^{1/2}\boldsymbol{\mu})^2]$$

$$=o_p(1),$$

$$16n^{-1}\sum_{\ell=1}^{n}E_{\ell-1}[r_\ell^{\mathrm{T}}\boldsymbol{\Sigma}\sum_{i=1}^{\ell-1}r_ir_i^{\mathrm{T}}\boldsymbol{\Sigma}^{1/2}\boldsymbol{\mu}]^2-[(16/3)n^{-1}\boldsymbol{\mu}^{\mathrm{T}}\boldsymbol{\Sigma}^3\boldsymbol{\mu}+8(n^{-1}\boldsymbol{\mu}^{\mathrm{T}}\boldsymbol{\Sigma}\boldsymbol{\mu})^2]$$

$$=o_p(1),$$

$$16(n^{-1}\boldsymbol{\mu}^{\mathrm{T}}\boldsymbol{\mu})^2\sum_{\ell=1}^{n}E_{\ell-1}[\sum_{i=1}^{\ell-1}r_i^{\mathrm{T}}\boldsymbol{\Sigma}r_\ell]^2-8(n^{-1}\boldsymbol{\mu}^{\mathrm{T}}\boldsymbol{\mu})^2\mathrm{tr}\boldsymbol{\Sigma}^2=o_p(1),$$

$$4\sum_{\ell=1}^{n}E_\ell[\mathrm{r}_\ell^{\mathrm{T}}\boldsymbol{\Sigma}^{1/2}\boldsymbol{\mu}\boldsymbol{\mu}^{\mathrm{T}}\boldsymbol{\Sigma}^{1/2}r_\ell-n^{-1}\boldsymbol{\mu}^{\mathrm{T}}\boldsymbol{\Sigma}\boldsymbol{\mu}]$$

$$=4n^{-1}[2(\boldsymbol{\mu}^{\mathrm{T}}\boldsymbol{\Sigma}\boldsymbol{\mu})^2+\beta_w\sum_{k=1}^{p}(e_k^{\mathrm{T}}\boldsymbol{\Sigma}^{1/2}\boldsymbol{\mu}\boldsymbol{\mu}^{\mathrm{T}}\boldsymbol{\Sigma}^{1/2}e_k)^2],$$

$$\sum_{\ell=1}^{n}E[(r_\ell^{\mathrm{T}}\boldsymbol{\Sigma}r_\ell)^2-E(r_\ell^{\mathrm{T}}\boldsymbol{\Sigma}r_\ell)^2]^2=4(n^{-1}\mathrm{tr}\boldsymbol{\Sigma})^2[2n^{-1}\mathrm{tr}\boldsymbol{\Sigma}^2+\beta_w n^{-1}\sum_{k=1}^{p}(e_k^{\mathrm{T}}\boldsymbol{\Sigma}e_k)^2],$$

$$16n^{-1}(\boldsymbol{\mu}^{\mathrm{T}}\boldsymbol{\mu})^2\sum_{\ell=1}^{n}E(r_\ell^{\mathrm{T}}\boldsymbol{\Sigma}^{1/2}\boldsymbol{\mu}\boldsymbol{\mu}^{\mathrm{T}}\boldsymbol{\Sigma}^{1/2}r_\ell)=16n^{-1}(\boldsymbol{\mu}^{\mathrm{T}}\boldsymbol{\mu})^2\boldsymbol{\mu}^{\mathrm{T}}\boldsymbol{\Sigma}\boldsymbol{\mu},$$

$$16n^{-1}(n^{-1}\mathrm{tr}\boldsymbol{\Sigma})^2\sum_{\ell=1}^{n}E(r_\ell^{\mathrm{T}}\boldsymbol{\Sigma}\boldsymbol{\mu})^2=16(n^{-1}\mathrm{tr}\boldsymbol{\Sigma})^2(n^{-1}\boldsymbol{\mu}^{\mathrm{T}}\boldsymbol{\Sigma}\boldsymbol{\mu}),$$

$$16n^{-1}\sum_{\ell=1}^{n}E[r_\ell^{\mathrm{T}}\boldsymbol{\Sigma}^{1/2}\boldsymbol{\mu}(r_\ell^{\mathrm{T}}\boldsymbol{\Sigma}r_\ell-n^{-1}\mathrm{tr}\boldsymbol{\Sigma})-Er_\ell^{\mathrm{T}}\boldsymbol{\Sigma}^{1/2}\boldsymbol{\mu}(r_\ell^{\mathrm{T}}\boldsymbol{\Sigma}r_\ell-n^{-1}\mathrm{tr}\boldsymbol{\Sigma})]^2$$

$$\leqslant 16n^{-1}\sum_{\ell=1}^{n}\mathrm{E}[r_\ell^{\mathrm{T}}\boldsymbol{\Sigma}^{1/2}\boldsymbol{\mu}(r_\ell^{\mathrm{T}}\boldsymbol{\Sigma}r_\ell-n^{-1}\mathrm{tr}\boldsymbol{\Sigma})]^2$$

$$\leqslant 16(n^{-1}\boldsymbol{\mu}^{\mathrm{T}}\boldsymbol{\Sigma}\boldsymbol{\mu}),$$

$$16n^{-3}\sum_{\ell=1}^{n}(n-\ell)^2E[r_\ell^{\mathrm{T}}\boldsymbol{\Sigma}^{3/2}\boldsymbol{\mu}]^2=(16/3)n^{-1}\boldsymbol{\mu}^{\mathrm{T}}\boldsymbol{\Sigma}^3\boldsymbol{\mu},$$

$$16(n^{-1}\boldsymbol{\mu}^{\mathrm{T}}\boldsymbol{\mu})^2\sum_{\ell=1}^{n}E_{\ell-1}\left(r_\ell^{\mathrm{T}}\boldsymbol{\Sigma}\sum_{j=1}^{\ell-1}r_j\right)^2=8(n^{-1}\boldsymbol{\mu}^{\mathrm{T}}\boldsymbol{\mu})\mathrm{tr}\boldsymbol{\Sigma}^2.$$

则可得

$$\begin{aligned}&\sum_{\ell=1}^{n}E_{\ell-1}[(\mathrm{E}_\ell-\mathrm{E}_{\ell-1})\mathrm{tr}\boldsymbol{S}_n^2]^2+\sum_{\ell=1}^{n}E_{\ell-1}[(E_\ell-E_{\ell-1})\mathrm{tr}\boldsymbol{S}_n]^2\\&=C_0\Big[n^{-1}\mathrm{tr}\boldsymbol{\Sigma}^2+n^{-1}\sum_{k=1}^{p}(\boldsymbol{e}_k^{\mathrm{T}}\boldsymbol{\Sigma}\boldsymbol{e}_k)^2+n^{-1}\boldsymbol{\mu}^{\mathrm{T}}\boldsymbol{\Sigma}\boldsymbol{\mu}+(n^{-1}\boldsymbol{\mu}^{\mathrm{T}}\boldsymbol{\Sigma}\boldsymbol{\mu})^2+n^{-1}\boldsymbol{\mu}^{\mathrm{T}}\boldsymbol{\Sigma}^3\boldsymbol{\mu}\\&\quad+(n^{-1}\mathrm{tr}\boldsymbol{\Sigma}^2)^2+n^{-1}\mathrm{tr}\boldsymbol{\Sigma}^4+n^{-1}\sum_{k=1}^{p}(\boldsymbol{e}_k^{\mathrm{T}}\boldsymbol{\Sigma}^2\boldsymbol{e}_k)^2+(n^{-1}\mathrm{tr}\boldsymbol{\Sigma})^3\\&\quad+n^{-1}(\boldsymbol{\mu}^{\mathrm{T}}\boldsymbol{\mu})^2\mathrm{tr}\boldsymbol{\Sigma}^2+(n^{-1}\boldsymbol{\mu}^{\mathrm{T}}\boldsymbol{\Sigma}\boldsymbol{\mu})(n^{-1}\mathrm{tr}\boldsymbol{\Sigma}^2)\\&\quad+(n^{-1}\boldsymbol{\mu}^{\mathrm{T}}\boldsymbol{\Sigma}\boldsymbol{\mu})n^{-1}\sum_{k=1}^{p}(\boldsymbol{e}_k^{\mathrm{T}}\boldsymbol{\Sigma}\boldsymbol{e}_k)^2+\boldsymbol{\mu}^{\mathrm{T}}\boldsymbol{\mu}\\&\quad+n^{-1}\sum_{k=1}^{p}(\boldsymbol{e}_k^{\mathrm{T}}\boldsymbol{\Sigma}^{1/2}\boldsymbol{\mu})^4+(n^{-1}\boldsymbol{\mu}^{\mathrm{T}}\boldsymbol{\mu})^2(n^{-1}\boldsymbol{\mu}^{\mathrm{T}}\boldsymbol{\Sigma}\boldsymbol{\mu})+n^{-1}(\boldsymbol{\mu}^{\mathrm{T}}\boldsymbol{\Sigma}\boldsymbol{\mu})^2\Big]\\&\quad+o_p(1),\end{aligned}$$

其中，C_0 是常数. 在假设[B]下，可得

$$\begin{aligned}&2\sum_{\ell=1}^{n}E_{\ell-1}[(E_\ell-E_{\ell-1})\mathrm{tr}\boldsymbol{S}_n^2]^2+2\sum_{\ell=1}^{n}E_{\ell-1}[(E_\ell-E_{\ell-1})\mathrm{tr}\boldsymbol{S}_n]^2\\&\leqslant C_1+C_2(\boldsymbol{\mu}^{\mathrm{T}}\boldsymbol{\mu})^2+C_3\boldsymbol{\mu}^{\mathrm{T}}\boldsymbol{\mu}+o_p(1),\end{aligned}$$

其中，C_1, C_2, C_3 是正的常数. 至此为止我们已经证明 $\sigma_A^2\leqslant C_1+C_2(\boldsymbol{\mu}^{\mathrm{T}}\boldsymbol{\mu})^2+C_3\boldsymbol{\mu}^{\mathrm{T}}\boldsymbol{\mu}$.

特别地，在 H_{06} 下，我们由 $\boldsymbol{\mu}=\boldsymbol{0}_p$ 和 $\boldsymbol{\Sigma}=\boldsymbol{I}_p$，获得下面的结论是重要的：

$$\sigma_0^{-1}(T_n-\mu_0)\xrightarrow{D}N(0,1),$$

其中，

$$\mu_0=p^2/n+(\beta_w+2)p/n,$$

且

$$\begin{aligned}\sigma_0^2&=4n^{-1}(2p+\beta_wp)+4y^2+8(y-1)n^{-1}(2p+\beta_wp)\\&\quad+4(y-1)^2n^{-1}(2p+\beta_wp)=4y^3(2+\beta_w)+4y^2.\end{aligned}$$

定理 2.1.1 和定理 2.1.2 证毕．

2.3.2 **定理 2.1.3 的证明**

我们考虑 $\boldsymbol{\mu}=0_p$ 和 $\boldsymbol{\Sigma}=\boldsymbol{I}_p+\varepsilon\boldsymbol{I}_p$ 的情形，其中 $\varepsilon>0$. 可得当 $p/n\to y\in(0,\infty)$ 时，

$$
\begin{aligned}
&\mu_A-\mu_0\\
&=n^{-1}\mathrm{tr}\boldsymbol{\Sigma}+\mathrm{tr}(\boldsymbol{\Sigma}-\boldsymbol{I}_p)^2+n^{-1}\beta_w\sum_{\ell=1}^{p}(\boldsymbol{e}_\ell^{\mathrm{T}}\boldsymbol{\Sigma}\boldsymbol{e}_\ell)^2+n^{-1}(\mathrm{tr}\boldsymbol{\Sigma})^2+n^{-1}\mathrm{tr}\boldsymbol{\Sigma}^2\\
&\quad-[p^2/n+(\boldsymbol{\beta}_w+2)p/n]\\
&=(n^{-1}\mathrm{tr}\boldsymbol{\Sigma}-p/n)+\mathrm{tr}(\boldsymbol{\Sigma}-\boldsymbol{I}_p)^2+(n^{-1}\mathrm{tr}\boldsymbol{\Sigma}^2-p/n)\\
&\quad+[n^{-1}\beta_w\sum_{\ell=1}^{p}(\boldsymbol{e}_\ell^{\mathrm{T}}\boldsymbol{\Sigma}\boldsymbol{e}_\ell)^2-p/n]+[n^{-1}(\mathrm{tr}\boldsymbol{\Sigma})^2-p^2/n]\\
&\to+\infty.
\end{aligned}
$$

除此之外，当 $p/n\to y\in(0,\infty)$ 时，还可得到

$$
\begin{aligned}
\sigma_A^2&=4[2n^{-1}\mathrm{tr}\boldsymbol{\Sigma}^4+\beta_w n^{-1}\sum_{\ell=1}^{p}(\boldsymbol{e}_\ell^{\mathrm{T}}\boldsymbol{\Sigma}^2\boldsymbol{e}_\ell)^2]+4(n^{-1}\mathrm{tr}\boldsymbol{\Sigma}^2)^2\\
&\quad+8(n^{-1}\mathrm{tr}\boldsymbol{\Sigma}-1)[2n^{-1}\mathrm{tr}\boldsymbol{\Sigma}^3+\beta_w n^{-1}\sum_{\ell=1}^{p}\boldsymbol{e}_\ell^{\mathrm{T}}\boldsymbol{\Sigma}^2\boldsymbol{e}_\ell\boldsymbol{e}_\ell^{\mathrm{T}}\boldsymbol{\Sigma}\boldsymbol{e}_\ell]\\
&\quad+4(n^{-1}\mathrm{tr}\boldsymbol{\Sigma}-1)^2[2n^{-1}\mathrm{tr}\boldsymbol{\Sigma}^2+\beta_w n^{-1}\sum_{\ell=1}^{p}(\boldsymbol{e}_\ell^{\mathrm{T}}\boldsymbol{\Sigma}\boldsymbol{e}_\ell)^2]\\
&=4(1+\varepsilon)^4(2p/n+\beta_w p/n)+4(p/n)^2(1+\varepsilon)^4\\
&\quad+8(^1+\varepsilon)^3[(p/n)(1+\varepsilon)-1](2n^{-1}p+\beta_w n^{-1}p)\\
&\quad+4(1+\varepsilon)^2[n^{-1}p(1+\varepsilon)-1]^2(2p/n+\beta_w p/n)\\
&\to 4(1+\varepsilon)^4(2+\beta_w)y+4y^2(1+\varepsilon)^4\\
&\quad+8(1+\varepsilon)^3[y(1+\varepsilon)-1](2+\beta_w)y\\
&\quad+4(1+\varepsilon)^2[y(1+\varepsilon)-1]^2(2+\beta_w)y.
\end{aligned}
$$

则势函数满足

$$
\begin{aligned}
\beta_{T_n}&=1-\Phi\left(\frac{\mu_0-\mu_A+\sigma_0 q_{1-\alpha/2}}{\sigma_A}\right)+\Phi\left(\frac{\mu_0-\mu_A+\sigma_0 q_{\alpha/2}}{\sigma_A}\right)\\
&\to 1,\ \text{当 } p/n\to y\in(0,\infty)\text{ 时},
\end{aligned}
$$

其中，ε 是给定的．相似地，当 $\boldsymbol{\Sigma}=\boldsymbol{I}_p$ 和 $\boldsymbol{\mu}=\varepsilon\boldsymbol{1}_p$ 时，其中 $\varepsilon>0$，随着 $p/n\to y\in(0,\infty)$ 也可证明出

$$\beta_{T_n}=1-\Phi\left(\frac{\mu_0-\mu_A+\sigma_0 q_{1-\alpha/2}}{\sigma_A}\right)+\Phi\left(\frac{\mu_0-\mu_A+\sigma_0 q_{\alpha/2}}{\sigma_A}\right)\to 1.$$

定理 2.1.3 证毕.

2.4 小结

本章我们为同时检验单个高维总体均值向量和协方差矩阵提出了一个新的方法. 我们推导了渐近原分布，给出理论势函数. 我们的方法不仅适用于 $n>p$，也适用于 $p\geqslant n$. 模拟结果显示我们提出的检验对正态数据和非正态数据表现得都很好. 这里我们仅仅考虑的是单个总体，同时检验两个高维总体的均值向量和协方差矩阵将在下面的一章中进行讨论.

3 两个高维总体均值向量和协方差矩阵的同时检验

本章对两个高维总体均值向量和协方差矩阵的同时检验提出一个新的检验统计量，这个统计量适用于“大 p 小 n”，对非正态数据也是稳健的. 我们推导出了这个统计量的渐近原分布，也获得了渐近理论势函数. 最后用蒙特卡洛模拟来评价新的检验方法的功效.

3.1 检验统计量及其渐近性质的证明

假设样本 $\boldsymbol{x}_1$，…，$\boldsymbol{x}_m$ 取自均值向量为 $\boldsymbol{\mu}_1$、协方差矩阵为 $\boldsymbol{\Sigma}_1$ 的总体；样本 $\boldsymbol{y}_1$，…，$\boldsymbol{y}_n$ 取自均值向量为 $\boldsymbol{\mu}_2$、协方差矩阵为 $\boldsymbol{\Sigma}_2$ 的总体. 两个样本的样本均值向量和样本协方差矩阵分别为

$$\bar{\boldsymbol{x}}=m^{-1}\sum_{i=1}^{m}\boldsymbol{x}_i,\ \boldsymbol{S}_x=(m-1)^{-1}\sum_{i=1}^{m}(\boldsymbol{x}_i-\bar{\boldsymbol{x}})(\bar{\boldsymbol{x}}_i-\bar{\boldsymbol{x}})^{\mathrm{T}};$$

$$\bar{\boldsymbol{y}}=n^{-1}\sum_{j=1}^{n}\boldsymbol{y}_j,\ \boldsymbol{S}_y=(n-1)^{-1}\sum_{j=1}^{n}(\boldsymbol{y}_j-\bar{\boldsymbol{y}})(\boldsymbol{y}_j-\bar{\boldsymbol{y}})^{\mathrm{T}}.$$

在进行统计推断之前，我们把在随机矩阵理论中一些经常被用到的假定加于两个总体上.

假定[A]. 随机向量序列 $\{\boldsymbol{x}_i\}$，$i=1, 2, \cdots, m$，满足独立成分模型 $\boldsymbol{x}_i=\boldsymbol{\mu}_1+\boldsymbol{\Sigma}_1^{1/2}\boldsymbol{w}_i$，其中，$\boldsymbol{w}_i=(w_{1i}, \cdots, w_{pi})^{\mathrm{T}}$，随机变量序列 $\{w_{ji}, j=1, 2, \cdots, p\}$ 是独立同分布的，满足

$$Ew_{ji}=0,\ Ew_{ji}^2=1,\ 且\ \beta_w=Ew_{ji}^4-3.$$

随机向量序列 $\{y_j\}$ ，$j=1, 2, \cdots, n$ 满足独立成分模型 $y_j=\boldsymbol{\mu}_2+\boldsymbol{\Sigma}_2^{1/2}\boldsymbol{v}_j$ ，其中 $\boldsymbol{v}_j=(v_{1j}, \cdots, v_{pj})^{\mathrm{T}}$ ，随机变量序列 $\{v_{ji}, j=1, 2, \cdots, p\}$ 是独立同分布的，满足

$$Ev_{ji}=0，Ev_{ji}^2=1，且\ \beta_v=Ev_{ji}^4-3.$$

假定[B]. 对 $\boldsymbol{i}=1、2$，$\boldsymbol{\Sigma}_i$ 的谱范数是有界的，且 $\boldsymbol{\Sigma}_i$ 的经验谱分布 ESD$F_n^i(x)$ 依分布收敛到一个极限分布 $\widetilde{F}_i(\cdot)$，其中 $F_n^i(x)=p^{-1}\sum_{j=1}^{p}\delta_{\{\lambda_{ij}\leqslant x\}}$ ，$\{\lambda_{ij}, j=1, 2, \cdots, p\}$ 是 $\boldsymbol{\Sigma}_i$ 的特征值. 渐近架构是 $p/m\to y_1\in(0, \infty)$ 及 $p/n\to y_2\in(0, \infty)$.

假定[A]要求总体仅仅满足独立成分模型且有有限四阶矩. 假定[B]则给出了渐近架构：数据维数随着样本量成比例的趋于无穷. 而且 $\boldsymbol{\mu}_i^{\mathrm{T}}\boldsymbol{\Sigma}_j\boldsymbol{\mu}_l$ 和 $\boldsymbol{\Sigma}_i$ 的 ESD 被要求是收敛的，其中 $i, j, l=1, 2$.

对于假设

$$H_{03}: \boldsymbol{\mu}_1=\boldsymbol{\mu}_2, \boldsymbol{\Sigma}_1=\boldsymbol{\Sigma}_2 \quad \text{vs} \quad H_{13}: H_{03}\text{不真}. \tag{3.1}$$

令

$$T_1=(\bar{\boldsymbol{x}}-\bar{\boldsymbol{y}})^{\mathrm{T}}(\bar{\boldsymbol{x}}-\bar{\boldsymbol{y}}), \quad \mathrm{T}_2=\mathrm{tr}[(\boldsymbol{S}_1-\boldsymbol{S}_2)^2],$$

其中，

$$\boldsymbol{S}_1=(m-1)^{-1}\sum_{i=1}^{m}(\boldsymbol{x}_i-\bar{\boldsymbol{y}})(\boldsymbol{x}_i-\bar{\boldsymbol{y}})^{\mathrm{T}},$$

$$\boldsymbol{S}_2=(n-1)^{-1}\sum_{j=1}^{n}(\boldsymbol{y}_j-\bar{\boldsymbol{x}})(\boldsymbol{y}_j-\bar{\boldsymbol{x}})^{\mathrm{T}}.$$

对于检验原假设 H_{03} ，若总体是正态的，当 $p/n\to y\in(0, 1]$ 时，Jiang 等[21]及 Jiang 等[22]建立了似然比统计量(LRT)的渐近分布. Hyodo 和 Nishiyama 等在 Chen 等及 Li 等工作的基础上提出了一个新的检验方法，但是他们提出的检验统计量的形式较为复杂. 事实上，检验 H_{03} 要同时考虑 $\boldsymbol{\mu}_1=\boldsymbol{\mu}_2$ 和 $\boldsymbol{\Sigma}_1=\boldsymbol{\Sigma}_2$，$\boldsymbol{\mu}_1$ 和 $\boldsymbol{\mu}_2$ 的无偏估计分别是 $\bar{\boldsymbol{x}}$ 和 $\bar{\boldsymbol{y}}$ ，显然可以用 T_1 的大小来衡量 $\boldsymbol{\mu}_1$ 和 $\boldsymbol{\mu}_2$ 间的距离，当 T_1 很小时，我们有理由相信 $\boldsymbol{\mu}_1=\boldsymbol{\mu}_2$ 成立. 另外 $\boldsymbol{\Sigma}_1$ 和 $\boldsymbol{\Sigma}_2$ 的无偏估计分别是 $\boldsymbol{S}_x$ 和 $\boldsymbol{S}_y$ ，受此启发，我们用 T_2 的大小来衡量 $\boldsymbol{\Sigma}_1$ 和 $\boldsymbol{\Sigma}_2$ 间的距离，当 T_2 很小时，我们有理由相信 $\boldsymbol{\Sigma}_1=\boldsymbol{\Sigma}_2$ 成立. 据此我们提出

的检验统计量为

$$T_L = T_1 + T_2.$$

下面的定理给出了在原假设 H_{03} 成立时检验统计量 T_L 的渐近原分布.

定理 3.1.1 若假定[A]-[B]成立. 在原假设 H_{03} 成立下，当 $n \to \infty$ 和 $p \to \infty$ 且 $p/n \to y \in (0, \infty)$ 时，则

$$\sigma_0^{-1}(T_L - \mu_0) \xrightarrow{D} N(0, 1),$$

其中，

$$\begin{aligned}
\mu_0 = & (m^2 - m - 1)m^{-1}(m-1)^{-2}(\mathrm{tr}(\boldsymbol{S}_x))^2 \\
& + (m-2)^{-2}\sum_{i=1}^{m}[(\boldsymbol{x}_i - \bar{\boldsymbol{x}})^{\mathrm{T}}(\boldsymbol{x}_i - \bar{\boldsymbol{x}}) - \mathrm{tr}(\boldsymbol{S}_x)]^2 \\
& - m(m+2)^{-2}[\mathrm{tr}(\boldsymbol{S}_x^2) - (m-2)^{-1}(\mathrm{tr}\boldsymbol{S}_x)^2] \\
& + (n^2 - n - 1)n^{-1}(n-1)^{-2}(\mathrm{tr}(\boldsymbol{S}_y))^2 \\
& + (n-2)^{-2}\sum_{j=1}^{n}[(\boldsymbol{y}_j - \bar{\boldsymbol{y}})^{\mathrm{T}}(\boldsymbol{y}_j - \bar{\boldsymbol{y}}) - \mathrm{tr}(\boldsymbol{S}_y)]^2 \\
& - n(n+2)^{-2}[\mathrm{tr}(\boldsymbol{S}_y^2) - (n-2)^{-1}(\mathrm{tr}\boldsymbol{S}_y)^2],
\end{aligned}$$

$$\sigma_0^2 = 4[(m-1)^{-1} + (n-1)^{-1}]^2\{\mathrm{tr}(\boldsymbol{S}^2) - (m+n-2)^{-1}(\mathrm{tr}\boldsymbol{S})^2\}^2,$$

$$\boldsymbol{S} = (m+n-2)^{-1}[(m-1)\boldsymbol{S}_x + (n-1)\boldsymbol{S}_y].$$

证明 我们发现

$$\boldsymbol{S}_1 = \boldsymbol{S}_x + \frac{m}{m-1}(\bar{\boldsymbol{x}} - \bar{\boldsymbol{y}})(\bar{\boldsymbol{x}} - \bar{\boldsymbol{y}})^{\mathrm{T}},$$

$$\boldsymbol{S}_2 = \boldsymbol{S}_y + \frac{n}{n-1}(\bar{\boldsymbol{y}} - \bar{\boldsymbol{x}})(\bar{\boldsymbol{y}} - \bar{\boldsymbol{x}})^{\mathrm{T}}.$$

于是

$$\begin{aligned}
T_2 &= \mathrm{tr}(\boldsymbol{S}_1 - \boldsymbol{S}_2)^2 \\
&= \mathrm{tr}(\boldsymbol{S}_x - \boldsymbol{S}_y)^2 + \left(\frac{m}{m-1} - \frac{n}{n-1}\right)^2[(\bar{\boldsymbol{x}} - \bar{\boldsymbol{y}})^{\mathrm{T}}(\bar{\boldsymbol{x}} - \bar{\boldsymbol{y}})]^2 \\
&\quad + 2\left(\frac{m}{m-1} - \frac{n}{n-1}\right)(\bar{\boldsymbol{x}} - \bar{\boldsymbol{y}})^{\mathrm{T}}(\boldsymbol{S}_x - \boldsymbol{S}_y)(\bar{\boldsymbol{x}} - \bar{\boldsymbol{y}}).
\end{aligned}$$

我们主要证明以下两个方面

- 第一步：证明 T_1 依概率收敛到一个常数.

• 第二步：证明 $2\left(\frac{m}{m-1}-\frac{n}{n-1}\right)(\bar{\boldsymbol{x}}-\bar{\boldsymbol{y}})^{\mathrm{T}}(\boldsymbol{S}_x-\boldsymbol{S}_y)(\bar{\boldsymbol{x}}-\bar{\boldsymbol{y}})$ 依概率收敛到一个常数.

第一步 显然

$$\bar{\boldsymbol{x}}=\boldsymbol{\mu}_1+\boldsymbol{\Sigma}_1^{1/2}\bar{\boldsymbol{w}},$$

$$\bar{\boldsymbol{y}}=\boldsymbol{\mu}_2+\boldsymbol{\Sigma}_2^{1/2}\bar{\boldsymbol{v}},$$

其中，$\bar{\boldsymbol{w}}=m^{-1}\sum_{i=1}^{m}\boldsymbol{w}_i$ 和 $\bar{\boldsymbol{v}}=n^{-1}\sum_{j=1}^{n}\boldsymbol{v}_j$. 容易得到下面的结论：

$$E(\bar{\boldsymbol{w}})=m^{-1}\sum_{i=1}^{m}E(\boldsymbol{w}_i)=0,$$

$$E(\bar{\boldsymbol{v}})=0,$$

$$E(\bar{\boldsymbol{w}}^{\mathrm{T}}\boldsymbol{\Sigma}_1\bar{\boldsymbol{w}})=\frac{\mathrm{tr}(\boldsymbol{\Sigma}_1)}{m},$$

$$E(\bar{\boldsymbol{v}}^{\mathrm{T}}\boldsymbol{\Sigma}_2\bar{\boldsymbol{v}})=\frac{\mathrm{tr}(\boldsymbol{\Sigma}_2)}{n}.$$

所以有：

$$E(T_1)=(\boldsymbol{\mu}_1-\boldsymbol{\mu}_2)^{\mathrm{T}}(\boldsymbol{\mu}_1-\boldsymbol{\mu}_2)+\frac{\mathrm{tr}(\boldsymbol{\Sigma}_1)}{m}+\frac{\mathrm{tr}(\boldsymbol{\Sigma}_2)}{n}.$$

由于

$$E(\bar{\boldsymbol{w}}\bar{\boldsymbol{w}}^{\mathrm{T}})=\frac{1}{m}I,$$

$$E(\bar{\boldsymbol{v}}\bar{\boldsymbol{v}}^{T})=\frac{1}{n}I,$$

$$E[(\bar{\boldsymbol{w}}^{\mathrm{T}}\boldsymbol{\Sigma}_1\bar{\boldsymbol{w}})^2]=\frac{1}{m^4}\{m[\beta_w\sum_{k=1}^{p}(\boldsymbol{e}_k^{\mathrm{T}}\boldsymbol{\Sigma}_1\boldsymbol{e}_k)^2+2\mathrm{tr}(\boldsymbol{\Sigma}_1^2)+(\mathrm{tr}\boldsymbol{\Sigma}_1)^2]$$
$$+m(m-1)[\mathrm{tr}(\boldsymbol{\Sigma}_1)]^2+2m(m-1)\mathrm{tr}(\boldsymbol{\Sigma}_1^2)\},$$

$$E[(\bar{\boldsymbol{v}}^{\mathrm{T}}\boldsymbol{\Sigma}_2\bar{\boldsymbol{v}})^2]=\frac{1}{n^4}\{n[\beta_v\sum_{k=1}^{p}(\boldsymbol{e}_k^{\mathrm{T}}\boldsymbol{\Sigma}_2\boldsymbol{e}_k)^2+2\mathrm{tr}(\boldsymbol{\Sigma}_2^2)+(\mathrm{tr}\boldsymbol{\Sigma}_2)^2]$$
$$+n(n-1)[\mathrm{tr}(\boldsymbol{\Sigma}_2)]^2+2n(n-1)\mathrm{tr}(\boldsymbol{\Sigma}_2^2)\},$$

$$E[\bar{\boldsymbol{w}}\bar{\boldsymbol{w}}^{\mathrm{T}}\boldsymbol{\Sigma}_1\bar{\boldsymbol{w}}]=\frac{1}{m^2}E(w_{11}^3)(\boldsymbol{e}_1^T\boldsymbol{\Sigma}_1\boldsymbol{e}_1,\ \boldsymbol{e}_2^{\mathrm{T}}\boldsymbol{\Sigma}_1\boldsymbol{e}_2,\ \cdots,\ \boldsymbol{e}_P^{\mathrm{T}}\boldsymbol{\Sigma}_1\boldsymbol{e}_p)^{\mathrm{T}},$$

$$E[\bar{v}\bar{v}^{\mathrm{T}}\boldsymbol{\Sigma}_2\bar{v}]=\frac{1}{n^2}E(v_{11}^3)(\boldsymbol{e}_1^{\mathrm{T}}\boldsymbol{\Sigma}_2\boldsymbol{e}_1,\ \boldsymbol{e}_2^{\mathrm{T}}\boldsymbol{\Sigma}_2\boldsymbol{e}_2,\ \cdots,\ \boldsymbol{e}_P^{\mathrm{T}}\boldsymbol{\Sigma}_2\boldsymbol{e}_p)^{\mathrm{T}}.$$

因此得到

$$\begin{aligned}
E(\mathrm{T}_1^2)= & [(\boldsymbol{\mu}_1-\boldsymbol{\mu}_2)^{\mathrm{T}}(\boldsymbol{\mu}_1-\boldsymbol{\mu}_2)]^2+2(\boldsymbol{\mu}_1-\boldsymbol{\mu}_2)^{\mathrm{T}}\left[\frac{1}{m}\boldsymbol{\Sigma}_1+\frac{1}{n}\boldsymbol{\Sigma}_2\right](\boldsymbol{\mu}_1-\boldsymbol{\mu}_2) \\
& +\frac{1}{m^4}\{m[\beta_w\sum_{k=1}^{p}(\boldsymbol{e}_k^{\mathrm{T}}\boldsymbol{\Sigma}_1\boldsymbol{e}_k)^2+2\mathrm{tr}(\boldsymbol{\Sigma}_1^2)+(\mathrm{tr}\boldsymbol{\Sigma}_1)^2] \\
& +m(m-1)[\mathrm{tr}(\boldsymbol{\Sigma}_1)]^2+2m(m-1)\mathrm{tr}(\boldsymbol{\Sigma}_1^2)\} \\
& +\frac{1}{n^4}\{n[\beta_v\sum_{k=1}^{p}(\boldsymbol{e}_k^{\mathrm{T}}\boldsymbol{\Sigma}_2\boldsymbol{e}_k)^2+2\mathrm{tr}(\boldsymbol{\Sigma}_2^2)+(\mathrm{tr}\boldsymbol{\Sigma}_2)^2] \\
& +n(n-1)[\mathrm{tr}(\boldsymbol{\Sigma}_2)]^2+2n(n-1)\mathrm{tr}(\boldsymbol{\Sigma}_2^2)\} \\
& +\frac{4}{mn}\mathrm{tr}(\boldsymbol{\Sigma}_1\boldsymbol{\Sigma}_2)+\frac{2}{mn}\mathrm{tr}(\boldsymbol{\Sigma}_1)\mathrm{tr}(\boldsymbol{\Sigma}_2) \\
& +2(\boldsymbol{\mu}_1-\boldsymbol{\mu}_2)^{\mathrm{T}}(\boldsymbol{\mu}_1-\boldsymbol{\mu}_2)\left(\frac{\mathrm{tr}(\boldsymbol{\Sigma}_1)}{m}+\frac{\mathrm{tr}(\boldsymbol{\Sigma}_2)}{n}\right) \\
& +2(\boldsymbol{\mu}_1-\boldsymbol{\mu}_2)^{\mathrm{T}}\left[\frac{1}{m}\boldsymbol{\Sigma}_1+\frac{1}{n}\boldsymbol{\Sigma}_2\right](\boldsymbol{\mu}_1-\boldsymbol{\mu}_2) \\
& +4(\boldsymbol{\mu}_1-\boldsymbol{\mu}_2)^{\mathrm{T}}\left\{\frac{1}{m^2}E(w_{11}^3)\boldsymbol{\Sigma}_1^{\frac{1}{2}}(\boldsymbol{e}_1^{\mathrm{T}}\boldsymbol{\Sigma}_1\boldsymbol{e}_1,\ \boldsymbol{e}_2^{\mathrm{T}}\boldsymbol{\Sigma}_1\boldsymbol{e}_2,\ \cdots,\ \boldsymbol{e}_P^{\mathrm{T}}\boldsymbol{\Sigma}_1\boldsymbol{e}_p)^{\mathrm{T}}\right. \\
& \left.-\frac{1}{n^2}E(v_{11}^3)\boldsymbol{\Sigma}_2^{\frac{1}{2}}(\boldsymbol{e}_1^{\mathrm{T}}\boldsymbol{\Sigma}_2\boldsymbol{e}_1,\ \boldsymbol{e}_2^{\mathrm{T}}\boldsymbol{\Sigma}_2\boldsymbol{e}_2,\ \cdots,\ \boldsymbol{e}_P^{\mathrm{T}}\boldsymbol{\Sigma}_2\boldsymbol{e}_p)^{\mathrm{T}}\right\}.
\end{aligned}$$

从而得到

$$\begin{aligned}
\mathrm{Var}[T_1]= & 4(\boldsymbol{\mu}_1-\boldsymbol{\mu}_2)^{\mathrm{T}}\left[\frac{1}{m}\boldsymbol{\Sigma}_1+\frac{1}{n}\boldsymbol{\Sigma}_2\right](\boldsymbol{\mu}_1-\boldsymbol{\mu}_2)+\frac{4}{mn}\mathrm{tr}(\boldsymbol{\Sigma}_1\boldsymbol{\Sigma}_2) \\
& +\frac{1}{m^4}\{m[\beta_w\sum_{k=1}^{p}(\boldsymbol{e}_k^{\mathrm{T}}\boldsymbol{\Sigma}_1\boldsymbol{e}_k)^2+2\mathrm{tr}(\boldsymbol{\Sigma}_1^2)]+2m(m-1)\mathrm{tr}(\boldsymbol{\Sigma}_1^2)\} \\
& +\frac{1}{n^4}\{n[\beta_v\sum_{k=1}^{p}(\boldsymbol{e}_k^{\mathrm{T}}\boldsymbol{\Sigma}_2\boldsymbol{e}_k)^2+2\mathrm{tr}(\boldsymbol{\Sigma}_2^2)]+2n(n-1)\mathrm{tr}(\boldsymbol{\Sigma}_2^2)\} \\
& +4(\boldsymbol{\mu}_1-\boldsymbol{\mu}_2)^{\mathrm{T}}\left\{\frac{1}{m^2}E(w_{11}^3)\boldsymbol{\Sigma}_1^{\frac{1}{2}}(\boldsymbol{e}_1^{\mathrm{T}}\boldsymbol{\Sigma}_1\boldsymbol{e}_1,\ \boldsymbol{e}_2^{\mathrm{T}}\boldsymbol{\Sigma}_1\boldsymbol{e}_2,\ \cdots,\ \boldsymbol{e}_p^{\mathrm{T}}\boldsymbol{\Sigma}_1\boldsymbol{e}_p)^{\mathrm{T}}\right. \\
& \left.-\frac{1}{\mathrm{n}^2}E(v_{11}^3)\boldsymbol{\Sigma}_2^{\frac{1}{2}}\left(\boldsymbol{e}_1^{\mathrm{T}}\sum\nolimits_2\boldsymbol{e}_1,\ \boldsymbol{e}_2^{\mathrm{T}}\boldsymbol{\Sigma}_2\boldsymbol{e}_2,\ \cdots,\ \boldsymbol{e}_p^{\mathrm{T}}\boldsymbol{\Sigma}_2\boldsymbol{e}_p\right)^{\mathrm{T}}\right\}.
\end{aligned}$$

可见，在假设[B]成立时，$\mathrm{Var}(T_1)\to 0$. 由 Chebyshev 不等式，当 $m,\ n\to$

∞ 时，可以得到

$$T_1 \xrightarrow{P} (\boldsymbol{\mu}_1 - \boldsymbol{\mu}_2)^{\mathrm{T}}(\boldsymbol{\mu}_1 - \boldsymbol{\mu}_2).$$

从而得到

$$\left(\frac{m}{m-1} - \frac{n}{n-1}\right)^2 [(\bar{\boldsymbol{x}} - \bar{\boldsymbol{y}})^{\mathrm{T}}(\bar{\boldsymbol{x}} - \bar{\boldsymbol{y}})]^2 \xrightarrow{\mathrm{P}} 0.$$

第二步 对于任意的矩阵 $\boldsymbol{A} = (a_{ij})$，$\boldsymbol{B} = (b_{ij})$，我们可以得到以下结论：

$$E(\boldsymbol{w}_1^{\mathrm{T}}\boldsymbol{A}_{p\times p}\boldsymbol{w}_1) = \mathrm{tr}(\boldsymbol{A}_{p\times p}),$$

$$E(\boldsymbol{A}_{1\times p}\boldsymbol{w}_1)^2 = E(\boldsymbol{w}_1^{\mathrm{T}}\boldsymbol{A}_{1\times p}^{\mathrm{T}})^2 = E(\boldsymbol{A}_{1\times p}\boldsymbol{w}_1\boldsymbol{w}_1^{\mathrm{T}}\boldsymbol{A}_{1\times p}^{\mathrm{T}}) = \boldsymbol{A}_{1\times p}\boldsymbol{A}_{1\times p}^{\mathrm{T}},$$

$$E(\boldsymbol{w}_1^{\mathrm{T}}\boldsymbol{A}_{p\times p}\boldsymbol{w}_1)^2 = \beta_w \sum_{k=1}^{p} (\boldsymbol{e}_k^{\mathrm{T}}\boldsymbol{A}\boldsymbol{e}_k)^2 + 2\mathrm{tr}(\boldsymbol{A}^2) + (\mathrm{tr}(\boldsymbol{A}))^2,$$

$$E(\boldsymbol{w}_1^{\mathrm{T}}\boldsymbol{A}_{p\times p}\boldsymbol{w}_1\boldsymbol{w}_1^{\mathrm{T}}) = \boldsymbol{E}(w_{11}^3)(\boldsymbol{e}_1^{\mathrm{T}}\boldsymbol{A}\boldsymbol{e}_1, \boldsymbol{e}_2^{\mathrm{T}}\boldsymbol{A}\boldsymbol{e}_2, \cdots, \boldsymbol{e}_p^{\mathrm{T}}\boldsymbol{A}\boldsymbol{e}_p),$$

$$\begin{aligned}E(\boldsymbol{w}_1\boldsymbol{w}_1^{\mathrm{T}}\boldsymbol{A}\boldsymbol{w}_1\boldsymbol{w}_1^{\mathrm{T}}) = \boldsymbol{A} + \boldsymbol{A}^{\mathrm{T}} + \mathrm{diag}(&\beta_w\boldsymbol{e}_1^{\mathrm{T}}\boldsymbol{A}\boldsymbol{e}_1 + \mathrm{tr}(\boldsymbol{A}),\\ &\beta_w\boldsymbol{e}_2^{\mathrm{T}}\boldsymbol{A}\boldsymbol{e}_2 + \mathrm{tr}(\boldsymbol{A}), \cdots, \beta_w\boldsymbol{e}_p^{\mathrm{T}}\boldsymbol{A}\boldsymbol{e}_p + \mathrm{tr}(\boldsymbol{A})).\end{aligned}$$

利用上面的结论，我们可以得到

$$\begin{aligned}&E\left\{2\left(\frac{m}{m-1} - \frac{n}{n-1}\right)(\bar{\boldsymbol{x}} - \bar{\boldsymbol{y}})^{\mathrm{T}}(\boldsymbol{S}_x - \boldsymbol{S}_y)(\bar{\boldsymbol{x}} - \bar{\boldsymbol{y}})\right\}\\ &= 2\left(\frac{m}{m-1} - \frac{n}{n-1}\right)\Big[(\boldsymbol{\mu}_1 - \boldsymbol{\mu}_2)^{\mathrm{T}}(\boldsymbol{\Sigma}_1 - \boldsymbol{\Sigma}_2)(\boldsymbol{\mu}_1 - \boldsymbol{\mu}_2)\\ &\quad + \frac{1}{m}\mathrm{tr}(\boldsymbol{\Sigma}_1^2) - \frac{1}{m}\mathrm{tr}(\boldsymbol{\Sigma}_1\boldsymbol{\Sigma}_2) + \frac{1}{n}\mathrm{tr}(\boldsymbol{\Sigma}_1\boldsymbol{\Sigma}_2) - \frac{1}{n}\mathrm{tr}(\boldsymbol{\Sigma}_2^2)\Big].\end{aligned}$$

因为 $(\bar{\boldsymbol{x}} - \bar{\boldsymbol{y}})(\bar{\boldsymbol{x}} - \bar{\boldsymbol{y}})^{\mathrm{T}}$ 和 $\boldsymbol{S}_x - \boldsymbol{S}_y$ 都是对称矩阵，所以可以得到

$$\begin{aligned}&E\{(\bar{\boldsymbol{x}} - \bar{\boldsymbol{y}})^{\mathrm{T}}(\boldsymbol{S}_x - \boldsymbol{S}_y)(\bar{\boldsymbol{x}} - \bar{\boldsymbol{y}})\}^2\\ &\leqslant \mathrm{tr}\{E[((\bar{\boldsymbol{x}} - \bar{\boldsymbol{y}})(\bar{\boldsymbol{x}} - \bar{\boldsymbol{y}})^{\mathrm{T}})^2]E[(\boldsymbol{S}_x - \boldsymbol{S}_y)^2]\}.\end{aligned}$$

其中，

$$\begin{aligned}&E[(\bar{\boldsymbol{x}} - \bar{\boldsymbol{y}})(\bar{\boldsymbol{x}} - \bar{\boldsymbol{y}})^{\mathrm{T}}]^2\\ &= \{(\boldsymbol{\mu}_1\boldsymbol{\mu}_1^{\mathrm{T}})^2 + \frac{2}{m}\boldsymbol{\mu}_1\boldsymbol{\mu}_1^{\mathrm{T}}\boldsymbol{\Sigma}_1 + \frac{2}{m}\boldsymbol{\Sigma}_1\boldsymbol{\mu}_1\boldsymbol{\mu}_1^{\mathrm{T}} + \frac{1}{m}\boldsymbol{\mu}_1\mathrm{tr}(\boldsymbol{\Sigma}_1)\boldsymbol{\mu}_1^{\mathrm{T}} + \frac{1}{m}\boldsymbol{\mu}_1^{\mathrm{T}}\boldsymbol{\mu}_1\boldsymbol{\Sigma}_1\\ &\quad + \frac{1}{m^4}\boldsymbol{\Sigma}_1^{1/2}\{m[2\boldsymbol{\Sigma}_1 + \mathrm{diag}(\beta_w\boldsymbol{e}_1^{\mathrm{T}}\boldsymbol{\Sigma}_1\boldsymbol{e}_1 + \mathrm{tr}(\boldsymbol{\Sigma}_1), \beta_w\boldsymbol{e}_2^{\mathrm{T}}\boldsymbol{\Sigma}_1\mathrm{e}_2\\ &\quad + \mathrm{tr}(\boldsymbol{\Sigma}_1), \cdots, \beta_w\boldsymbol{e}_p^{\mathrm{T}}\boldsymbol{\Sigma}_1\boldsymbol{e}_p + \mathrm{tr}(\boldsymbol{\Sigma}_1))]\end{aligned}$$

$$+2m(m-1)\boldsymbol{\Sigma}_1+m(m-1)\mathrm{tr}(\boldsymbol{\Sigma}_1)\boldsymbol{I}\}\boldsymbol{\Sigma}_1^{1/2}$$

$$+\frac{1}{m^2}\boldsymbol{\mu}_1[E(w_{11}^3)(\boldsymbol{e}_1^{\mathrm{T}}\boldsymbol{\Sigma}_1\boldsymbol{e}_1, \boldsymbol{e}_2^{\mathrm{T}}\boldsymbol{\Sigma}_1\boldsymbol{e}_2, \cdots, \boldsymbol{e}_p^{\mathrm{T}}\boldsymbol{\Sigma}_1\boldsymbol{e}_p)]\boldsymbol{\Sigma}_1^{1/2}$$

$$+\frac{2}{m^2}\boldsymbol{\Sigma}_1^{1/2}[E(w_{11}^3)(\boldsymbol{e}_1^{\mathrm{T}}\boldsymbol{\Sigma}_1^{1/2}\boldsymbol{\mu}_1\boldsymbol{e}_1, \boldsymbol{e}_2^{\mathrm{T}}\boldsymbol{\Sigma}_1^{1/2}\boldsymbol{\mu}_1\boldsymbol{e}_2, \cdots, \boldsymbol{e}_p^{\mathrm{T}}\boldsymbol{\Sigma}_1^{1/2}\boldsymbol{\mu}_1\boldsymbol{e}_p)]\boldsymbol{\Sigma}_1^{1/2}$$

$$+\frac{1}{m^2}\boldsymbol{\Sigma}_1^{1/2}[E(w_{11}^3)(\boldsymbol{e}_1^{\mathrm{T}}\boldsymbol{\Sigma}_1\boldsymbol{e}_1, \boldsymbol{e}_2^{\mathrm{T}}\boldsymbol{\Sigma}_1\boldsymbol{e}_2, \cdots, \boldsymbol{e}_p^{\mathrm{T}}\boldsymbol{\Sigma}_1\boldsymbol{e}_p)]^{\mathrm{T}}\boldsymbol{\mu}_1^{\mathrm{T}}\}$$

$$+\{(\boldsymbol{\mu}_2\boldsymbol{\mu}_2^{\mathrm{T}})^2+\frac{2}{n}\boldsymbol{\mu}_2\boldsymbol{\mu}_2^{\mathrm{T}}\boldsymbol{\Sigma}_2+\frac{2}{n}\boldsymbol{\Sigma}_2\boldsymbol{\mu}_2\boldsymbol{\mu}_2^{\mathrm{T}}+\frac{1}{n}\boldsymbol{\mu}_2\mathrm{tr}(\boldsymbol{\Sigma}_2)\boldsymbol{\mu}_2^{T}+\frac{1}{n}\boldsymbol{\mu}_2^{\mathrm{T}}\boldsymbol{\mu}_2\boldsymbol{\Sigma}_2$$

$$+\frac{1}{n^4}\boldsymbol{\Sigma}_2^{1/2}\{n[2\boldsymbol{\Sigma}_2+\mathrm{diag}(\beta_v\boldsymbol{e}_1^{\mathrm{T}}\boldsymbol{\Sigma}_2\boldsymbol{e}_1+\mathrm{tr}(\boldsymbol{\Sigma}_2), \beta_v\boldsymbol{e}_2^{\mathrm{T}}\boldsymbol{\Sigma}_2\boldsymbol{e}_2$$

$$+\mathrm{tr}(\boldsymbol{\Sigma}_2), \cdots, \beta_v\boldsymbol{e}_p^{\mathrm{T}}\boldsymbol{\Sigma}_2\boldsymbol{e}_p+\mathrm{tr}(\boldsymbol{\Sigma}_2))]$$

$$+2n(n-1)\boldsymbol{\Sigma}_2+n(n-1)\mathrm{tr}(\boldsymbol{\Sigma}_2)\boldsymbol{I}\}\boldsymbol{\Sigma}_2^{1/2}$$

$$+\frac{1}{n^2}\boldsymbol{\mu}_2[E(v_{11}^3)(\boldsymbol{e}_1^{\mathrm{T}}\boldsymbol{\Sigma}_2\boldsymbol{e}_1, \boldsymbol{e}_2^{\mathrm{T}}\boldsymbol{\Sigma}_2\boldsymbol{e}_2, \cdots, \boldsymbol{e}_p^{\mathrm{T}}\boldsymbol{\Sigma}_2\boldsymbol{e}_p)]\boldsymbol{\Sigma}_2^{1/2}$$

$$+\frac{2}{n^2}\boldsymbol{\Sigma}_2^{1/2}[E(v_{11}^3)(\boldsymbol{e}_1^{\mathrm{T}}\boldsymbol{\Sigma}_2^{1/2}\boldsymbol{\mu}_2\boldsymbol{e}_1, \boldsymbol{e}_2^{\mathrm{T}}\boldsymbol{\Sigma}_2^{1/2}\boldsymbol{\mu}_2\boldsymbol{e}_2, \cdots, \boldsymbol{e}_p^{\mathrm{T}}\boldsymbol{\Sigma}_2^{1/2}\boldsymbol{\mu}_2\boldsymbol{e}_p)]\boldsymbol{\Sigma}_2^{1/2}$$

$$+\frac{1}{n^2}\boldsymbol{\Sigma}_2^{1/2}[E(v_{11}^3)(\boldsymbol{e}_1^{\mathrm{T}}\boldsymbol{\Sigma}_2\boldsymbol{e}_1, \boldsymbol{e}_2^{\mathrm{T}}\boldsymbol{\Sigma}_2\boldsymbol{e}_2, \cdots, \boldsymbol{e}_p^{\mathrm{T}}\boldsymbol{\Sigma}_2\boldsymbol{e}_p)]^{\mathrm{T}}\boldsymbol{\mu}_2^{\mathrm{T}}\}$$

$$+2\{(\boldsymbol{\mu}_1\boldsymbol{\mu}_1^{\mathrm{T}}+\frac{1}{m}\boldsymbol{\Sigma}_1)(\boldsymbol{\mu}_2\boldsymbol{\mu}_2^{\mathrm{T}}+\frac{1}{n}\boldsymbol{\Sigma}_2)\}$$

$$+2\{(\boldsymbol{\mu}_2\boldsymbol{\mu}_2^{\mathrm{T}}+\frac{1}{n}\boldsymbol{\Sigma}_2)(\boldsymbol{\mu}_1\boldsymbol{\mu}_1^{\mathrm{T}}+\frac{1}{m}\boldsymbol{\Sigma}_1)\}$$

$$-\{\boldsymbol{\mu}_1\boldsymbol{\mu}_1^{\mathrm{T}}\boldsymbol{\mu}_1\boldsymbol{\mu}_2^{\mathrm{T}}+\frac{1}{m}\boldsymbol{\mu}_1\mathrm{tr}(\boldsymbol{\Sigma}_1)\boldsymbol{\mu}_2^{\mathrm{T}}+\frac{2}{m}\boldsymbol{\Sigma}_1\boldsymbol{\mu}_1\boldsymbol{\mu}_2^{\mathrm{T}}$$

$$+\frac{1}{m^2}E(w_{11}^3)\boldsymbol{\Sigma}_1^{1/2}(\boldsymbol{e}_1^{\mathrm{T}}\boldsymbol{\Sigma}_1\boldsymbol{e}_1, \boldsymbol{e}_2^{\mathrm{T}}\boldsymbol{\Sigma}_1\boldsymbol{e}_2, \cdots, \boldsymbol{e}_p^{\mathrm{T}}\boldsymbol{\Sigma}_1\boldsymbol{e}_p)^{T}\boldsymbol{\mu}_2^{\mathrm{T}}\}$$

$$-\{\boldsymbol{\mu}_1\boldsymbol{\mu}_1^{\mathrm{T}}\boldsymbol{\mu}_1^{\mathrm{T}}\boldsymbol{\mu}_2+\frac{1}{m}\boldsymbol{\mu}_1\boldsymbol{\mu}_2^{\mathrm{T}}\boldsymbol{\Sigma}_1+\frac{1}{m}\boldsymbol{\Sigma}_1\boldsymbol{\mu}_2\boldsymbol{\mu}_1^{\mathrm{T}}+\frac{1}{m}\boldsymbol{\Sigma}_1\boldsymbol{\mu}_1^{\mathrm{T}}\boldsymbol{\mu}_2$$

$$+\frac{1}{m^2}E(w_{11}^3)\boldsymbol{\Sigma}_1^{1/2}(\boldsymbol{e}_1^{\mathrm{T}}\boldsymbol{\Sigma}_1^{1/2}\boldsymbol{\mu}_2^{\mathrm{T}}\boldsymbol{\Sigma}_1^{1/2}\boldsymbol{e}_1, \boldsymbol{e}_2^{\mathrm{T}}\boldsymbol{\Sigma}_1^{1/2}\boldsymbol{\mu}_2^{\mathrm{T}}\boldsymbol{\Sigma}_1^{1/2}\boldsymbol{e}_2, \cdots, \boldsymbol{e}_p^{\mathrm{T}}\boldsymbol{\Sigma}_1^{1/2}\boldsymbol{\mu}_2^{\mathrm{T}}\boldsymbol{\Sigma}_1^{1/2}\boldsymbol{e}_p)^{\mathrm{T}}\}$$

$$-\{\boldsymbol{\mu}_2^{T}\boldsymbol{\mu}_1\boldsymbol{\mu}_1\boldsymbol{\mu}_1^{T}+\frac{1}{m}\boldsymbol{\Sigma}_1\boldsymbol{\mu}_2\boldsymbol{\mu}_1^{\mathrm{T}}+\frac{1}{m}\boldsymbol{\mu}_1\boldsymbol{\mu}_2^{\mathrm{T}}\boldsymbol{\Sigma}_1+\frac{1}{m}\boldsymbol{\mu}_2^{\mathrm{T}}\boldsymbol{\mu}_1\boldsymbol{\Sigma}_1$$

$$+\frac{1}{m^2}E(w_{11}^3)(\boldsymbol{e}_1^{\mathrm{T}}\boldsymbol{\Sigma}_1^{1/2}\boldsymbol{\mu}_2^{\mathrm{T}}\boldsymbol{\Sigma}_1^{1/2}\boldsymbol{e}_1,\ \boldsymbol{e}_2^{\mathrm{T}}\boldsymbol{\Sigma}_1^{1/2}\boldsymbol{\mu}_2^{\mathrm{T}}\boldsymbol{\Sigma}_1^{1/2}\boldsymbol{e}_2,\ \cdots,\ \boldsymbol{e}_p^{\mathrm{T}}\boldsymbol{\Sigma}_1^{1/2}\boldsymbol{\mu}_2^{\mathrm{T}}\boldsymbol{\Sigma}_1^{1/2}\boldsymbol{e}_p)\boldsymbol{\Sigma}_1^{1/2}\}$$

$$+\{[\boldsymbol{\mu}_2^{\mathrm{T}}\boldsymbol{\mu}_2+\frac{1}{n}\mathrm{tr}(\boldsymbol{\Sigma}_2)][\boldsymbol{\mu}_1\boldsymbol{\mu}_1^{\mathrm{T}}+\frac{1}{m}\boldsymbol{\Sigma}_1]\}$$

$$-\{\boldsymbol{\mu}_1\boldsymbol{\mu}_2^{\mathrm{T}}\boldsymbol{\mu}_2\boldsymbol{\mu}_2^{\mathrm{T}}+\frac{1}{n}\boldsymbol{\mu}_1\mathrm{tr}(\boldsymbol{\Sigma}_2)\boldsymbol{\mu}_2^{\mathrm{T}}+\frac{2}{n}\boldsymbol{\mu}_1\boldsymbol{\mu}_2^{\mathrm{T}}\boldsymbol{\Sigma}_2$$

$$+\frac{1}{n^2}E(v_{11}^3)\boldsymbol{\mu}_1(\boldsymbol{e}_1^{\mathrm{T}}\boldsymbol{\Sigma}_2\boldsymbol{e}_1,\ \boldsymbol{e}_2^{\mathrm{T}}\boldsymbol{\Sigma}_2\boldsymbol{e}_2,\ \cdots,\ \boldsymbol{e}_p^{\mathrm{T}}\boldsymbol{\Sigma}_2\boldsymbol{e}_p)\boldsymbol{\Sigma}_2^{1/2}\}$$

$$-\{\boldsymbol{\mu}_2\boldsymbol{\mu}_1^{\mathrm{T}}\boldsymbol{\mu}_1\boldsymbol{\mu}_1^{\mathrm{T}}+\frac{1}{m}\boldsymbol{\mu}_2\mathrm{tr}(\boldsymbol{\Sigma}_1)\boldsymbol{\mu}_1^{\mathrm{T}}$$

$$+\frac{2}{m}\boldsymbol{\mu}_2\boldsymbol{\mu}_1^{\mathrm{T}}\boldsymbol{\Sigma}_1+\frac{1}{m^2}E(w_{11}^3)\boldsymbol{\mu}_2(\boldsymbol{e}_1^{\mathrm{T}}\boldsymbol{\Sigma}_1\boldsymbol{e}_1,\ \boldsymbol{e}_2^{\mathrm{T}}\boldsymbol{\Sigma}_1\boldsymbol{e}_2,\ \cdots,\ \boldsymbol{e}_p^{\mathrm{T}}\boldsymbol{\Sigma}_1\boldsymbol{e}_p)\boldsymbol{\Sigma}_1^{1/2}\}$$

$$+\{[\boldsymbol{\mu}_1^{\mathrm{T}}\boldsymbol{\mu}_1+\frac{1}{m}\mathrm{tr}(\boldsymbol{\Sigma}_1)][\boldsymbol{\mu}_2\boldsymbol{\mu}_2^{\mathrm{T}}+\frac{1}{n}\boldsymbol{\Sigma}_2]\}$$

$$-\{\boldsymbol{\mu}_1^{\mathrm{T}}\boldsymbol{\mu}_2\boldsymbol{\mu}_2\boldsymbol{\mu}_2^{\mathrm{T}}+\frac{1}{n}\boldsymbol{\Sigma}_2\boldsymbol{\mu}_1\boldsymbol{\mu}_2^{\mathrm{T}}+\frac{1}{n}\boldsymbol{\mu}_2\boldsymbol{\mu}_1^{\mathrm{T}}\boldsymbol{\Sigma}_2+\frac{1}{n}\boldsymbol{\mu}_1^{\mathrm{T}}\boldsymbol{\mu}_2\boldsymbol{\Sigma}_2$$

$$+\frac{1}{n^2}E(v_{11}^3)(\boldsymbol{e}_1^{\mathrm{T}}\boldsymbol{\Sigma}_2^{1/2}\boldsymbol{\mu}_1^{\mathrm{T}}\boldsymbol{\Sigma}_2^{1/2}\boldsymbol{e}_1,\ \boldsymbol{e}_2^{\mathrm{T}}\boldsymbol{\Sigma}_2^{1/2}\boldsymbol{\mu}_1^{\mathrm{T}}\boldsymbol{\Sigma}_2^{1/2}\boldsymbol{e}_2,\ \cdots,\ \boldsymbol{e}_p^{\mathrm{T}}\boldsymbol{\Sigma}_2^{1/2}\boldsymbol{\mu}_1^{\mathrm{T}}\boldsymbol{\Sigma}_2^{1/2}\boldsymbol{e}_p)\boldsymbol{\Sigma}_2^{1/2}\}$$

$$-\{\boldsymbol{\mu}_2\boldsymbol{\mu}_2^{\mathrm{T}}\boldsymbol{\mu}_2^{\mathrm{T}}\boldsymbol{\mu}_1+\frac{1}{n}\boldsymbol{\mu}_2\boldsymbol{\mu}_1^{\mathrm{T}}\boldsymbol{\Sigma}_2+\frac{1}{n}\boldsymbol{\Sigma}_2\boldsymbol{\mu}_1\boldsymbol{\mu}_2^{\mathrm{T}}+\frac{1}{n}\boldsymbol{\Sigma}_2\boldsymbol{\mu}_2^{\mathrm{T}}\boldsymbol{\mu}_1$$

$$+\frac{1}{n^2}E(v_{11}^3)\boldsymbol{\Sigma}_2^{1/2}(\boldsymbol{e}_1^{\mathrm{T}}\boldsymbol{\Sigma}_2^{1/2}\boldsymbol{\mu}_1^{\mathrm{T}}\boldsymbol{\Sigma}_2^{1/2}\boldsymbol{e}_1,\ \boldsymbol{e}_2^{\mathrm{T}}\boldsymbol{\Sigma}_2^{1/2}\boldsymbol{\mu}_1^{\mathrm{T}}\boldsymbol{\Sigma}_2^{1/2}\boldsymbol{e}_2,\ \cdots,\ \boldsymbol{e}_p^{\mathrm{T}}\boldsymbol{\Sigma}_2^{1/2}\boldsymbol{\mu}_1^{\mathrm{T}}\boldsymbol{\Sigma}_2^{1/2}\boldsymbol{e}_p)^{\mathrm{T}}\}$$

$$-\{\boldsymbol{\mu}_2\boldsymbol{\mu}_2^{\mathrm{T}}\boldsymbol{\mu}_2\boldsymbol{\mu}_1^{\mathrm{T}}+\frac{1}{n}\boldsymbol{\mu}_2\mathrm{tr}(\boldsymbol{\Sigma}_2)\boldsymbol{\mu}_1^{\mathrm{T}}+\frac{2}{n}\boldsymbol{\Sigma}_2\boldsymbol{\mu}_2\boldsymbol{\mu}_1^{\mathrm{T}}$$

$$+\frac{1}{n^2}E(v_{11}^3)\boldsymbol{\Sigma}_2^{1/2}(\boldsymbol{e}_1^{\mathrm{T}}\boldsymbol{\Sigma}_2\boldsymbol{e}_1,\ \boldsymbol{e}_2^{\mathrm{T}}\boldsymbol{\Sigma}_2\boldsymbol{e}_2,\ \cdots,\ \boldsymbol{e}_p^{\mathrm{T}}\boldsymbol{\Sigma}_2\boldsymbol{e}_p)^{\mathrm{T}}\boldsymbol{\mu}_1^{\mathrm{T}}\}.$$

$$E[(\boldsymbol{S}_x-\boldsymbol{S}_y)^2]=E[\boldsymbol{S}_x^2-\boldsymbol{S}_x\boldsymbol{S}_y-\boldsymbol{S}_y\boldsymbol{S}_x+\boldsymbol{S}_y^2]$$

$$=\Big\{\frac{1}{(m-1)^2}\boldsymbol{\Sigma}_1^{1/2}\Big\{\frac{(m-1)^2}{m}[2\boldsymbol{\Sigma}_1+\mathrm{diag}(\beta_w\boldsymbol{e}_1^{\mathrm{T}}\boldsymbol{\Sigma}_1\boldsymbol{e}_1+\mathrm{tr}(\boldsymbol{\Sigma}_1),\ \beta_w\boldsymbol{e}_2^{\mathrm{T}}\boldsymbol{\Sigma}_1\boldsymbol{e}_2$$

$$+\mathrm{tr}(\boldsymbol{\Sigma}_1),\ \cdots,\ \beta_w\boldsymbol{e}_p^{\mathrm{T}}\boldsymbol{\Sigma}_1\boldsymbol{e}_p+\mathrm{tr}(\boldsymbol{\Sigma}_1))]+\frac{(m-1)(m^2-2m+2)}{m^2}\boldsymbol{\Sigma}_1$$

$$+\frac{m-1}{m}\mathrm{tr}(\boldsymbol{\Sigma}_1)\}\boldsymbol{\Sigma}_1^{1/2}\}$$

$$+\left\{\frac{1}{(n-1)^2}\boldsymbol{\Sigma}_2^{1/2}\left\{\frac{(n-1)^2}{n}[2\boldsymbol{\Sigma}_2+\mathrm{diag}(\beta_v\boldsymbol{e}_1^{\mathrm{T}}\boldsymbol{\Sigma}_2\boldsymbol{e}_1\right.\right.$$

$$+\mathrm{tr}(\boldsymbol{\Sigma}_2),\ \beta_v\boldsymbol{e}_2^{\mathrm{T}}\boldsymbol{\Sigma}_2\boldsymbol{e}_2+\mathrm{tr}(\boldsymbol{\Sigma}_2),\ \cdots,\ \beta_v\boldsymbol{e}_p^{\mathrm{T}}\boldsymbol{\Sigma}_2\boldsymbol{e}_p+\mathrm{tr}(\boldsymbol{\Sigma}_2))]$$

$$\left.\left.+\frac{(n-1)(n^2-2n+2)}{n^2}\boldsymbol{\Sigma}_2+\frac{n-1}{n}\mathrm{tr}(\boldsymbol{\Sigma}_2)\right\}\boldsymbol{\Sigma}_2^{1/2}\right\}-\boldsymbol{\Sigma}_1\boldsymbol{\Sigma}_2-\boldsymbol{\Sigma}_2\boldsymbol{\Sigma}_1.$$

可见，在假设[B]成立时，$\mathrm{Var}\left[2\left(\frac{m}{m-1}-\frac{n}{n-1}\right)(\bar{\boldsymbol{x}}-\bar{\boldsymbol{y}})^{\mathrm{T}}(\boldsymbol{S}_x-\boldsymbol{S}_y)(\bar{\boldsymbol{x}}-\bar{\boldsymbol{y}})\right]$ $\to 0$. 由 Chebyshev 不等式，当 m，$n\to\infty$ 时，可以得到

$$2\left(\frac{m}{m-1}-\frac{n}{n-1}\right)(\bar{\boldsymbol{x}}-\bar{\boldsymbol{y}})^{\mathrm{T}}(\boldsymbol{S}_x-\boldsymbol{S}_y)(\bar{\boldsymbol{x}}-\bar{\boldsymbol{y}})\xrightarrow{P}0.$$

再由 Zheng 等[83]中的引理 B. 1，可知在假设[A]和[B]成立时，

$$\sigma_{\mathrm{A}}^{-1}(\mathrm{tr}\,(\boldsymbol{S}_x-\boldsymbol{S}_y)^2-\mu_{\mathrm{A}})\xrightarrow{D}N(0,\ 1).$$

其中，

$$\begin{aligned}
\mu_{\mathrm{A}}=&(m^2-m-1)m^{-1}(m-1)^{-2}(\mathrm{tr}(\boldsymbol{S}_x))^2\\
&+(n^2-n-1)n^{-1}(n-1)^{-2}(\mathrm{tr}(\boldsymbol{S}_y))^2\\
&+\mathrm{tr}(\boldsymbol{\Sigma}_1-\boldsymbol{\Sigma}_2)^2+(m+1)(m-1)^{-2}\mathrm{tr}(\boldsymbol{\Sigma}_1^2)\\
&+(n+1)(n-1)^{-2}\mathrm{tr}(\boldsymbol{\Sigma}_2^2)\\
&+\beta_w m(m-1)^{-2}\sum_{\ell=1}^{p}(\boldsymbol{e}_\ell^{\mathrm{T}}\boldsymbol{\Sigma}_1\boldsymbol{e}_\ell)^2+\beta_v n(n-1)^{-2}\sum_{\ell=1}^{p}(\boldsymbol{e}_\ell^{\mathrm{T}}\boldsymbol{\Sigma}_2\boldsymbol{e}_\ell)^2,
\end{aligned}$$

$$\begin{aligned}
\sigma_{\mathrm{A}}^2=&4[m^{-1}\mathrm{tr}(\boldsymbol{\Sigma}_1^2)]^2+4[n^{-1}\mathrm{tr}(\boldsymbol{\Sigma}_2^2)^2+8(mn)^{-1}[\mathrm{tr}(\boldsymbol{\Sigma}_1\boldsymbol{\Sigma}_2]^2\\
&+4[2m^{-1}\mathrm{tr}(\boldsymbol{\Sigma}_1^4)+\beta_w m^{-1}\sum_{l=1}^{p}(\boldsymbol{e}_l^{\mathrm{T}}\boldsymbol{\Sigma}_1^2\boldsymbol{e}_l)^2]\\
&+4[2m^{-1}\mathrm{tr}(\boldsymbol{\Sigma}_1\boldsymbol{\Sigma}_2)^2+\beta_w m^{-1}\sum_{l=1}^{p}(\boldsymbol{e}_l^{\mathrm{T}}\boldsymbol{\Sigma}_1^{\frac{1}{2}}\boldsymbol{\Sigma}_2\boldsymbol{\Sigma}_1^{\frac{1}{2}}\boldsymbol{e}_l)^2]\\
&-8[2m^{-1}\mathrm{tr}(\boldsymbol{\Sigma}_1^3\boldsymbol{\Sigma}_2)+\beta_w m^{-1}\sum_{l=1}^{p}(\boldsymbol{e}_l^{\mathrm{T}}\boldsymbol{\Sigma}_1^{\frac{1}{2}}\boldsymbol{\Sigma}_2\boldsymbol{\Sigma}_1^{\frac{1}{2}}\boldsymbol{e}_l)(\boldsymbol{e}_l^{\mathrm{T}}\boldsymbol{\Sigma}_1^2\boldsymbol{e}_l)]\\
&+4[2n^{-1}\mathrm{tr}(\boldsymbol{\Sigma}_2^4)+\beta_v n^{-1}\sum_{l=1}^{p}(\boldsymbol{e}_l^{\mathrm{T}}\boldsymbol{\Sigma}_2^2\boldsymbol{e}_l)^2]\\
&+4[2n^{-1}\mathrm{tr}(\boldsymbol{\Sigma}_2\boldsymbol{\Sigma}_1)^2+\beta_v n^{-1}\sum_{l=1}^{p}(\boldsymbol{e}_l^{\mathrm{T}}\boldsymbol{\Sigma}_2^{\frac{1}{2}}\boldsymbol{\Sigma}_1\boldsymbol{\Sigma}_2^{\frac{1}{2}}\boldsymbol{e}_l)^2]\\
&-8[2n^{-1}\mathrm{tr}(\boldsymbol{\Sigma}_2^3\boldsymbol{\Sigma}_1)+\beta_v n^{-1}\sum_{l=1}^{p}(\boldsymbol{e}_l^{\mathrm{T}}\boldsymbol{\Sigma}_2^{\frac{1}{2}}\boldsymbol{\Sigma}_1\boldsymbol{\Sigma}_2^{\frac{1}{2}}\boldsymbol{e}_l)(\boldsymbol{e}_l^{\mathrm{T}}\boldsymbol{\Sigma}_2^2\boldsymbol{e}_l)].
\end{aligned}$$

综合第一步和第二步的结果，我们可以得到：在假设[A]和[B]成立时

$$\sigma_A^{-1}(T_L-(\boldsymbol{\mu}_1-\boldsymbol{\mu}_2)^{\mathrm{T}}(\boldsymbol{\mu}_1-\boldsymbol{\mu}_2)-\mu_A)\xrightarrow{D}N(0,\ 1).$$

由 Zheng 等中的定理 2.2，可得到在假设[A]和[B]成立及 H_{03} 下，

$$\sigma_0^{-1}(T_L-\mu_0)\xrightarrow{D}N(0,\ 1).$$

其中，

$$\begin{aligned}\mu_0=&(m^2-m-1)m^{-1}(m-1)^{-2}(\mathrm{tr}(\boldsymbol{S}_x))^2\\&+(m-2)^{-2}\sum_{i=1}^{m}[(\boldsymbol{x}_i-\bar{\boldsymbol{x}})^{\mathrm{T}}(\boldsymbol{x}_i-\bar{\boldsymbol{x}})-\mathrm{tr}(\boldsymbol{S}_x)]^2\\&-m(m+2)^{-2}[\mathrm{tr}(\boldsymbol{S}_x^2)-(m-2)^{-1}(\mathrm{tr}\boldsymbol{S}_x)^2]\\&+(n^2-n-1)n^{-1}(n-1)^{-2}(\mathrm{tr}(\boldsymbol{S}_y))^2\\&+(n-2)^{-2}\sum_{j=1}^{n}[(\boldsymbol{y}_j-\bar{\boldsymbol{y}})^{\mathrm{T}}(\boldsymbol{y}_j-\bar{\boldsymbol{y}})-\mathrm{tr}(\boldsymbol{S}_y)]^2\\&-n(n+2)^{-2}[\mathrm{tr}(\boldsymbol{S}_y^2)-(n-2)^{-1}\mathrm{tr}(\boldsymbol{S}_y)^2],\end{aligned}$$

$$\sigma_0^2=4\,[(m-1)^{-1}+(n-1)^{-1}]^2\,\{\mathrm{tr}(\boldsymbol{S}^2)-(m+n-2)^{-1}\,(\mathrm{tr}\boldsymbol{S})^2\}^2,$$

$$\boldsymbol{S}=(m+n-2)^{-1}[(m-1)\boldsymbol{S}_x+(n-1)\boldsymbol{S}_y].$$

定理 3.1.1 证毕 .

基于检验统计量 T_L 在 H_{03} 下的渐近正态性，我们提出如下的渐近检验：

$$\text{拒绝 } H_{03}\Leftrightarrow|\sigma_0^{-1}(T_L-\mu_0)|\geqslant q_{1-\alpha/2}. \tag{3.2}$$

其中，α 是真实的第一类误差，$q_{1-\alpha/2}$ 是标准正态分布 $N(0,\ 1)$的 $100(1-\alpha/2)\%$ 分位数 .

当样本取自假定[A]中模型时，检验(3.2)的 size 和 power 定义为：

$$\text{size}=P(|\,\sigma_0^{-1}(T_L-\mu_0)\,|\geqslant q_{1-\alpha/2}\mid H_{03}),$$

$$\text{power}=P(|\,\sigma_0^{-1}(T_L-\mu_0)\,|\geqslant q_{1-\alpha/2}\mid H_{13}).$$

而且理论势函数为

$$\begin{aligned}\beta_{T_L}=&1-\Phi\left(\frac{\mu_0-(\boldsymbol{\mu}_1-\boldsymbol{\mu}_2)^{\mathrm{T}}(\boldsymbol{\mu}_1-\boldsymbol{\mu}_2)-\mu_A+\sigma_0q_{1-\alpha/2}}{\sigma_A}\right)\\&+\Phi\left(\frac{\mu_0-(\boldsymbol{\mu}_1-\boldsymbol{\mu}_2)^{\mathrm{T}}(\boldsymbol{\mu}_1-\boldsymbol{\mu}_2)-\mu_A-\sigma_0q_{1-\alpha/2}}{\sigma_A}\right),\end{aligned} \tag{3.3}$$

其中，$\Phi(\cdot)$ 代表 $N(0, 1)$的积累分布函数.

3.2　模拟研究

两个随机样本为 $\{\boldsymbol{x}_i=\boldsymbol{\mu}_1+\boldsymbol{\Sigma}_1^{1/2}(\boldsymbol{w}_i-m(F_1))/\sigma(F_1),\ i=1,\cdots,m\}$ 和 $\{\boldsymbol{y}_i=\boldsymbol{\mu}_2+\boldsymbol{\Sigma}_2^{1/2}(\boldsymbol{v}_i-m(F_2))/\sigma(F_2),\ i=1,\cdots,n\}$，其中，序列 $\{\boldsymbol{w}_{1i},\cdots,\boldsymbol{w}_{pi}\}$ 和序列 $\{\boldsymbol{v}_{1i},\cdots,\boldsymbol{v}_{pi}\}$ 是取自分布 $F_1(\cdot)$ 和 $F_2(\cdot)$ 的 i. i. d. 样本，这两个分布的均值是 $m(F_1)$ 和 $m(F_2)$，标准差是 $\sigma(F_1)$ 和 $\sigma(F_2)$. 对于分布 $F_1(\cdot)$ 和 $F_2(\cdot)$，我们考虑下面三种情况：

(1)标准正态分布 $N(0, 1)$；

(2)均值为 2 的伽马分布 Gamma(4, 2)；

(3)自由度为 3 的 χ^2 分布.

样本量取为 $(m, n)=(60, 60)$，$(100, 150)$，$(100, 200)$，$(200, 200)$，$(300, 300)$，维数取为 $p=100$，200，300. 第一类误差取为 5%，总体的均值向量和协方差矩阵为：

• 模型Ⅰ：$\boldsymbol{\mu}=(\varepsilon\boldsymbol{1}_{p1},\boldsymbol{0}_{p-p1})^{\mathrm{T}}$，$\varepsilon=0.6$ 或 0.7，及 $p_1=[p/2]$，其中，$[x]$ 表示 x 的取整函数，且 $\boldsymbol{\Sigma}=(\rho_{ij})_{p\times p}$，其中，若 $i=j$，$\rho_{ij}=1$；若 $0<|i-j|\leqslant 3$，$\rho_{ij}=0.3$；若 $|i-j|>3$，$\rho_{ij}=0$.

• 模型Ⅱ：$\boldsymbol{\mu}_1=(\varepsilon_1\boldsymbol{1}_{p1},\boldsymbol{0}_{p-p1})^{\mathrm{T}}$，$\varepsilon_1=0.1$，$p_1=[p/2]$；$\boldsymbol{\mu}_2=(\varepsilon_2\boldsymbol{1}_{p1},\boldsymbol{0}_{p-p1})^{\mathrm{T}}$，$\varepsilon_2=0.8$ 或 1，$p_1=[p/2]$；且 $\boldsymbol{\Sigma}=(\rho_{ij})_{p\times p}$，其中，若 $i=j$，$\rho_{ij}=1$；若 $0<|i-j|\leqslant 3$，$\rho_{ij}=0.2$；若 $|i-j|>3$，$\rho_{ij}=0$.

• 模型Ⅲ：$\boldsymbol{\mu}=(\varepsilon\boldsymbol{1}_{p1},\boldsymbol{0}_{p-p1})^{\mathrm{T}}$，$\varepsilon=0.3$，$p_1=[p/2]$；$\boldsymbol{\Sigma}_1=(\rho_{ij})_{p\times p}$，其中，若 $i=j$，$\rho_{ij}=1$；若 $0<|i-j|\leqslant 3$，$\rho_{ij}=0.01$；若 $|i-j|>3$，$\rho_{ij}=0$；且 $\boldsymbol{\Sigma}_2=(\rho_{ij})_{p\times p}$，其中，若 $i=j$，$\rho_{ij}=1$；若 $0<|i-j|\leqslant 3$，$\rho_{ij}=0.2$；若 $|i-j|>3$，$\rho_{ij}=0$.

• 模型Ⅳ：$\boldsymbol{\mu}_1=(\varepsilon_1\boldsymbol{1}_{p1},\boldsymbol{0}_{p-p1})^{\mathrm{T}}$，$\varepsilon_1=0.1$，$p_1=[p/2]$；$\boldsymbol{\mu}_2=(\varepsilon_2\boldsymbol{1}_{p1},\boldsymbol{0}_{p-p1})^{\mathrm{T}}$，$\varepsilon_2=0.8$ 或 1，$p_1=[p/2]$；$\boldsymbol{\Sigma}_1=(\rho_{ij})_{p\times p}$，其中，若 $i=j$，$\rho_{ij}=1$；若 $0<|i-j|\leqslant 3$，$\rho_{ij}=0.01$；若 $|i-j|>3$，$\rho_{ij}=0$；且 $\boldsymbol{\Sigma}_2=$

$(\rho_{ij})_{p\times p}$，其中，若 $i=j$，$\rho_{ij}=1$；若 $0<|i-j|\leqslant 3$，$\rho_{ij}=0.2$；若 $|i-j|>3$，$\rho_{ij}=0$.

对于每一个模型，两组样本分别取自正态数据与正态数据、正态数据与 χ^2 数据、正态数据与伽马数据、伽马数据与 χ^2 数据，我们运行了 1 000 次来获得 T_L 的经验第一类误差和经验势. 作为比较，我们也评价了 Hyodo 等提出的检验统计量 T_H. 在模型Ⅰ下，表 3.1 和表 3.2 列出了 T_L 和 T_H 的经验第一类误差. 模拟结果显示，无论两组样本是取自相同的正态分布还是正态分布与非正态分布，T_L 和 T_H 的表现是相似的，都接近真实的第一类误差 $\alpha=0.05$. 在模型Ⅱ下，表 3.3 和表 3.4 列出了 T_L 和 T_H 的经验势，模拟结果显示，T_L 和 T_H 的经验势都是 1，说明当两个总体的协方差阵相同但均值向量不同时，T_L 和 T_H 的表现都非常好. 在模型Ⅲ下，表 3.5 和表 3.6 列出了 T_L 和 T_H 的经验势，模拟结果显示，随着 n 和 p 的增加，先是 T_L 的经验势比 T_H 的经验势大，最后它们的经验势都发展为 1，说明当两个总体的均值向量相同但协方差阵不同时，T_L 和 T_H 的表现都非常好，并且 T_L 稍好. 在模型Ⅳ下，表 3.7 和表 3.8 列出了 T_L 和 T_H 的经验势，模拟结果显示，当两个总体的均值向量和协方差阵都不同时，T_L 和 T_H 的表现都非常好，并且 T_L 稍好.

表 3.1　w 和 v 都取自标准正态总体和非正态总体，μ 和 Σ 取自模型Ⅰ，T_L 和 T_H 的经验 size

(ε, ρ)	(m, n)	方法	p					
			$N(0,1)$和$N(0,1)$			$N(0,1)$和$\chi^2(3)$		
			100	200	300	100	200	300
(0.7, 0.3)	(60, 60)	T_L	0.057	0.067	0.058	0.053	0.060	0.054
		T_H	0.047	0.047	0.058	0.072	0.053	0.059
	(100, 100)	T_L	0.055	0.081	0.058	0.060	0.063	0.046
		T_H	0.050	0.051	0.043	0.057	0.058	0.068
	(100, 150)	T_L	0.064	0.054	0.068	0.072	0.059	0.086
		T_H	0.056	0.055	0.057	0.071	0.064	0.064
	(100, 200)	T_L	0.069	0.065	0.071	0.050	0.050	0.065
		T_H	0.062	0.062	0.056	0.057	0.044	0.047
	(200, 200)	T_L	0.064	0.060	0.049	0.073	0.063	0.064
		T_H	0.043	0.041	0.039	0.057	0.056	0.058
	(300, 300)	T_L	0.065	0.058	0.064	0.057	0.072	0.069
		T_H	0.046	0.053	0.045	0.061	0.059	0.053
(0.6, 0.3)	(60, 60)	T_L	0.061	0.066	0.059	0.066	0.067	0.054
		T_H	0.048	0.059	0.052	0.065	0.063	0.055
	(100, 100)	T_L	0.068	0.063	0.053	0.075	0.052	0.058
		T_H	0.059	0.054	0.050	0.059	0.047	0.053
	(100, 150)	T_L	0.079	0.050	0.067	0.066	0.057	0.057
		T_H	0.059	0.048	0.058	0.067	0.057	0.057
	(100, 200)	T_L	0.058	0.053	0.064	0.083	0.062	0.054
		T_H	0.059	0.052	0.053	0.066	0.056	0.061
	(200, 200)	T_L	0.056	0.069	0.058	0.069	0.060	0.055
		T_H	0.051	0.060	0.052	0.057	0.050	0.052
	(300, 300)	T_L	0.069	0.057	0.062	0.080	0.063	0.069
		T_H	0.047	0.060	0.067	0.050	0.064	0.055

表 3.2 w 和 v 都取自标准正态总体和非正态总体，μ 和 $\boldsymbol{\Sigma}$ 取自模型Ⅰ，T_L 和 T_H 的经验 size

(ε, ρ)	(m, n)	方法	$N(0,1)$和 Gamma(4.2)			Gamma(4.2)和 $\chi^2(3)$		
			100	200	300	100	200	300
(0.7, 0.3)	(60, 60)	T_L	0.053	0.053	0.052	0.060	0.051	0.057
		T_H	0.047	0.055	0.062	0.067	0.061	0.058
	(100, 100)	T_L	0.067	0.058	0.058	0.079	0.068	0.067
		T_H	0.061	0.047	0.053	0.058	0.060	0.059
	(100, 150)	T_L	0.061	0.058	0.053	0.070	0.070	0.071
		T_H	0.054	0.038	0.040	0.048	0.049	0.061
	(100, 200)	T_L	0.077	0.059	0.056	0.079	0.055	0.064
		T_H	0.051	0.052	0.046	0.072	0.061	0.053
	(200, 200)	T_L	0.071	0.059	0.067	0.070	0.063	0.048
		T_H	0.058	0.053	0.054	0.064	0.064	0.051
	(300, 300)	T_L	0.071	0.062	0.064	0.072	0.065	0.077
		T_H	0.057	0.061	0.049	0.064	0.063	0.063
(0.6, 0.3)	(60, 60)	T_L	0.055	0.056	0.056	0.059	0.056	0.051
		T_H	0.057	0.055	0.051	0.055	0.065	0.052
	(100, 100)	T_L	0.063	0.062	0.060	0.066	0.051	0.055
		T_H	0.059	0.046	0.058	0.076	0.054	0.059
	(100, 150)	T_L	0.072	0.053	0.053	0.056	0.058	0.067
		T_H	0.057	0.051	0.059	0.066	0.053	0.045
	(100, 200)	T_L	0.068	0.066	0.068	0.090	0.077	0.065
		T_H	0.056	0.047	0.048	0.066	0.074	0.064
	(200, 200)	T_L	0.070	0.057	0.066	0.077	0.061	0.059
		T_H	0.051	0.059	0.062	0.068	0.074	0.056
	(300, 300)	T_L	0.073	0.067	0.052	0.069	0.066	0.067
		T_H	0.053	0.050	0.049	0.057	0.070	0.055

表 3.3 **w 和 v 都取自标准正态总体和非正态总体，$\boldsymbol{\mu}_1$、$\boldsymbol{\mu}_2$ 和 $\boldsymbol{\Sigma}$ 取自模型 Ⅱ，T_L 和 T_H 的经验势**

$(\varepsilon_1, \varepsilon_2, \rho)$	(m, n)	方法	p					
			$N(0, 1)$和$N(0, 1)$			$N(0, 1)$和$\chi^2(3)$		
			100	200	300	100	200	300
(0.1, 0.8, 0.2)	(60, 60)	T_L	0.890	0.903	0.877	0.902	0.892	0.884
		T_H	1.000	1.000	1.000	1.000	1.000	1.000
	(100, 100)	T_L	0.999	1.000	0.999	0.999	1.000	0.999
		T_H	1.000	1.000	1.000	1.000	1.000	1.000
	(100, 150)	T_L	1.000	1.000	1.000	1.000	1.000	1.000
		T_H	1.000	1.000	1.000	1.000	1.000	1.000
	(100, 200)	T_L	1.000	1.000	1.000	1.000	1.000	1.000
		T_H	1.000	1.000	1.000	1.000	1.000	1.000
	(200, 200)	T_L	1.000	1.000	1.000	1.000	1.000	1.000
		T_H	1.000	1.000	1.000	1.000	1.000	1.000
	(300, 300)	T_L	1.000	1.000	1.000	1.000	1.000	1.000
		T_H	1.000	1.000	1.000	1.000	1.000	1.000
(0.1, 1, 0.2)	(60, 60)	T_L	1.000	0.998	1.000	0.998	0.999	0.999
		T_H	1.000	1.000	1.000	1.000	1.000	1.000
	(100, 100)	T_L	1.000	1.000	1.000	1.000	1.000	1.000
		T_H	1.000	1.000	1.000	1.000	1.000	1.000
	(100, 150)	T_L	1.000	1.000	1.000	1.000	1.000	1.000
		T_H	1.000	1.000	1.000	1.000	1.000	1.000
	(100, 200)	T_L	1.000	1.000	1.000	1.000	1.000	1.000
		T_H	1.000	1.000	1.000	1.000	1.000	1.000
	(200, 200)	T_L	1.000	1.000	1.000	1.000	1.000	1.000
		T_H	1.000	1.000	1.000	1.000	1.000	1.000
	(300, 300)	T_L	1.000	1.000	1.000	1.000	1.000	1.000
		T_H	1.000	1.000	1.000	1.000	1.000	1.000

表 3.4　w 和 v 都取自标准正态总体和非正态总体，$\boldsymbol{\mu}_1$、$\boldsymbol{\mu}_2$ 和 $\boldsymbol{\Sigma}$ 取自模型 Ⅱ，T_L 和 T_H 的经验势

$(\varepsilon_1, \varepsilon_2, \rho)$	(m, n)	方法	p: $N(0, 1)$和Gamma(4.2) 100	200	300	p: Gamma(4.2)和$\chi^2(3)$ 100	200	300
(0.1, 0.8, 0.2)	(60, 60)	T_L	0.892	0.882	0.871	0.865	0.87	0.877
		T_H	1.000	1.000	1.000	1.000	1.000	1.000
	(100, 100)	T_L	1.000	0.999	1.000	1.000	1.000	0.999
		T_H	1.000	1.000	1.000	1.000	1.000	1.000
	(100, 150)	T_L	1.000	1.000	1.000	1.000	1.000	1.000
		T_H	1.000	1.000	1.000	1.000	1.000	1.000
	(100, 200)	T_L	1.000	1.000	1.000	1.000	1.000	1.000
		T_H	1.000	1.000	1.000	1.000	1.000	1.000
	(200, 200)	T_L	1.000	1.000	1.000	1.000	1.000	1.000
		T_H	1.000	1.000	1.000	1.000	1.000	1.000
	(300, 300)	T_L	1.000	1.000	1.000	1.000	1.000	1.000
		T_H	1.000	1.000	1.000	1.000	1.000	1.000
(0.1, 1, 0.2)	(60, 60)	T_L	0.995	0.999	0.997	0.999	0.999	0.999
		T_H	1.000	1.000	1.000	1.000	1.000	1.000
	(100, 100)	T_L	1.000	1.000	1.000	1.000	1.000	1.000
		T_H	1.000	1.000	1.000	1.000	1.000	1.000
	(100, 150)	T_L	1.000	1.000	1.000	1.000	1.000	1.000
		T_H	1.000	1.000	1.000	1.000	1.000	1.000
	(100, 200)	T_L	1.000	1.000	1.000	1.000	1.000	1.000
		T_H	1.000	1.000	1.000	1.000	1.000	1.000
	(200, 200)	T_L	1.000	1.000	1.000	1.000	1.000	1.000
		T_H	1.000	1.000	1.000	1.000	1.000	1.000
	(300, 300)	T_L	1.000	1.000	1.000	1.000	1.000	1.000
		T_H	1.000	1.000	1.000	1.000	1.000	1.000

表 3.5　w 和 v 都取自标准正态总体和非正态总体，$\boldsymbol{\mu}$、$\boldsymbol{\Sigma}_1$ 和 $\boldsymbol{\Sigma}_2$ 取自模型 Ⅲ，T_L 和 T_H 的经验势

$(\varepsilon_1, \varepsilon_2, \rho)$	(m, n)	方法	$N(0, 1)$和$N(0, 1)$ p=100	200	300	$N(0, 1)$和$\chi^2(3)$ p=100	200	300
(0.3, 0.01, 0.2)	(60, 60)	T_L	0.881	0.913	0.907	0.893	0.892	0.900
		T_H	0.544	0.567	0.571	0.554	0.566	0.548
	(100, 100)	T_L	0.999	0.998	1.000	0.998	0.998	0.999
		T_H	0.935	0.920	0.942	0.910	0.943	0.934
	(100, 150)	T_L	1.000	1.000	1.000	1.000	1.000	1.000
		T_H	0.988	0.991	0.994	0.986	0.995	0.986
	(100, 200)	T_L	1.000	1.000	1.000	1.000	1.000	1.000
		T_H	0.998	0.995	0.996	0.917	0.998	1.000
	(200, 200)	T_L	1.000	1.000	1.000	1.000	1.000	1.000
		T_H	1.000	1.000	1.000	1.000	1.000	1.000
	(300, 300)	T_L	1.000	1.000	1.000	1.000	1.000	1.000
		T_H	1.000	1.000	1.000	1.000	1.000	1.000
(0.3, 0.05, 0.2)	(60, 60)	T_L	0.549	0.580	0.580	0.561	0.558	0.564
		T_H	0.240	0.258	0.275	0.267	0.243	0.260
	(100, 100)	T_L	0.902	0.903	0.924	0.902	0.920	0.915
		T_H	0.552	0.538	0.574	0.574	0.559	0.584
	(100, 150)	T_L	0.978	0.976	0.978	0.965	0.970	0.975
		T_H	0.745	0.729	0.756	0.727	0.764	0.739
	(100, 200)	T_L	0.980	0.993	0.991	0.982	0.989	0.988
		T_H	0.808	0.832	0.847	0.809	0.847	0.853
	(200, 200)	T_L	1.000	1.000	1.000	1.000	1.000	1.000
		T_H	0.989	0.993	0.988	0.983	0.987	0.987
	(300, 300)	T_L	1.000	1.000	1.000	1.000	1.000	1.000
		T_H	1.000	1.000	1.000	1.000	1.000	1.000

表 3.6　w 和 v 都取自标准正态总体和非正态总体，μ、Σ_1 和 Σ_2 取自模型 Ⅲ，T_L 和 T_H 的经验势

$(\varepsilon, \rho_1, \rho_2)$	(m, n)	方法	$N(0, 1)$和Gamma(4.2)			Gamma(4.2)和$\chi^2(3)$		
			p					
			100	200	300	100	200	300
(0.3, 0.01, 0.2)	(60, 60)	T_L	0.892	0.907	0.897	0.882	0.868	0.905
		T_H	0.525	0.545	0.557	0.569	0.532	0.555
	(100, 100)	T_L	0.996	1.000	1.000	0.993	1.000	1.000
		T_H	0.910	0.939	0.929	0.910	0.924	0.927
	(100, 150)	T_L	1.000	1.000	1.000	1.000	1.000	1.000
		T_H	0.984	0.989	0.992	0.977	0.985	0.989
	(100, 200)	T_L	1.000	1.000	1.000	1.000	1.000	1.000
		T_H	0.997	1.000	0.998	0.992	0.997	0.996
	(200, 200)	T_L	1.000	1.000	1.000	1.000	1.000	1.000
		T_H	1.000	1.000	1.000	1.000	0.999	1.000
	(300, 300)	T_L	1.000	1.000	1.000	1.000	1.000	1.000
		T_H	1.000	1.000	1.000	1.000	1.000	1.000
(0.3, 0.05, 0.2)	(60, 60)	T_L	0.560	0.576	0.581	0.590	0.563	0.577
		T_H	0.253	0.259	0.270	0.268	0.280	0.272
	(100, 100)	T_L	0.906	0.931	0.933	0.892	0.907	0.906
		T_H	0.558	0.582	0.594	0.577	0.587	0.593
	(100, 150)	T_L	0.966	0.979	0.967	0.958	0.973	0.975
		T_H	0.735	0.756	0.739	0.729	0.739	0.736
	(100, 200)	T_L	0.988	0.986	0.990	0.981	0.983	0.991
		T_H	0.812	0.828	0.831	0.793	0.822	0.844
	(200, 200)	T_L	1.000	1.000	1.000	1.000	1.000	1.000
		T_H	0.987	0.983	0.986	0.983	0.975	0.990
	(300, 300)	T_L	1.000	1.000	1.000	1.000	1.000	1.000
		T_H	1.000	1.000	1.000	1.000	1.000	1.000

表 3.7　$\boldsymbol{w}$ 和 $\boldsymbol{v}$ 都取自标准正态总体和非正态总体，$\boldsymbol{\mu}_1$、$\boldsymbol{\mu}_2$ 和 $\boldsymbol{\Sigma}_1$、$\boldsymbol{\Sigma}_2$ 取自模型 Ⅳ，T_L 和 T_H 的经验势

$(\varepsilon_1, \varepsilon_2, \rho_1, \rho_2)$	(m, n)	方法	p					
			$N(0,1)$和$N(0,1)$			$N(0,1)$和$\chi^2(3)$		
			100	200	300	100	200	300
(0.1，0.2，0.01，0.2)	(60，60)	T_L	0.908	0.921	0.917	0.894	0.919	0.905
		T_H	0.781	0.844	0.898	0.755	0.848	0.890
	(100，100)	T_L	0.999	1.000	1.000	0.999	1.000	0.999
		T_H	0.991	0.998	0.999	0.990	0.997	0.999
	(100，150)	T_L	1.000	1.000	1.000	1.000	1.000	1.000
		T_H	1.000	1.000	1.000	1.000	1.000	1.000
	(100，200)	T_L	1.000	1.000	1.000	1.000	1.000	1.000
		T_H	1.000	1.000	1.000	1.000	1.000	1.000
	(200，200)	T_L	1.000	1.000	1.000	1.000	1.000	1.000
		T_H	1.000	1.000	1.000	1.000	1.000	1.000
	(300，300)	T_L	1.000	1.000	1.000	1.000	1.000	1.000
		T_H	1.000	1.000	1.000	1.000	1.000	1.000
(0.2，0.3，0.01，0.3)	(60，60)	T_L	1.000	1.000	1.000	1.000	1.000	1.000
		T_H	0.999	0.999	0.999	0.996	0.999	0.999
	(100，100)	T_L	1.000	1.000	1.000	1.000	1.000	1.000
		T_H	1.000	1.000	1.000	1.000	1.000	1.000
	(100，150)	T_L	1.000	1.000	1.000	1.000	1.000	1.000
		T_H	1.000	1.000	1.000	1.000	1.000	1.000
	(100，200)	T_L	1.000	1.000	1.000	1.000	1.000	1.000
		T_H	1.000	1.000	1.000	1.000	1.000	1.000
	(200，200)	T_L	1.000	1.000	1.000	1.000	1.000	1.000
		T_H	1.000	1.000	1.000	1.000	1.000	1.000
	(300，300)	T_L	1.000	1.000	1.000	1.000	1.000	1.000
		T_H	1.000	1.000	1.000	1.000	1.000	1.000

表 3.8 w 和 v 都取自标准正态总体和非正态总体，$\boldsymbol{\mu}_1$、$\boldsymbol{\mu}_2$ 和 $\boldsymbol{\Sigma}_1$、$\boldsymbol{\Sigma}_2$ 取自模型 Ⅳ，T_L 和 T_H 的经验势

$(\varepsilon_1, \varepsilon_2, \rho_1, \rho_2)$	(m, n)	方法	$N(0,1)$和Gamma(4.2) p=100	200	300	Gamma(4.2)和$\chi^2(3)$ p=100	200	300
(0.1, 0.2, 0.01, 0.2)	(60, 60)	T_L	0.896	0.914	0.920	0.897	0.903	0.920
		T_H	0.780	0.860	0.908	0.779	0.850	0.895
	(100, 100)	T_L	0.998	1.000	0.999	0.998	0.999	1.000
		T_H	0.989	0.998	1.000	0.979	0.996	0.999
	(100, 150)	T_L	1.000	1.000	1.000	1.000	1.000	1.000
		T_H	0.997	1.000	1.000	0.998	1.000	1.000
	(100, 200)	T_L	1.000	1.000	1.000	1.000	1.000	1.000
		T_H	1.000	1.000	1.000	1.000	1.000	1.000
	(200, 200)	T_L	1.000	1.000	1.000	1.000	1.000	1.000
		T_H	1.000	1.000	1.000	1.000	1.000	1.000
	(300, 300)	T_L	1.000	1.000	1.000	1.000	1.000	1.000
		T_H	1.000	1.000	1.000	1.000	1.000	1.000
(0.2, 0.3, 0.01, 0.3)	(60, 60)	T_L	1.000	1.000	1.000	1.000	1.000	1.000
		T_H	1.000	1.000	0.998	0.993	0.999	0.999
	(100, 100)	T_L	1.000	1.000	1.000	1.000	1.000	1.000
		T_H	1.000	1.000	1.000	1.000	1.000	1.000
	(100, 150)	T_L	1.000	1.000	1.000	1.000	1.000	1.000
		T_H	1.000	1.000	1.000	1.000	1.000	1.000
	(100, 200)	T_L	1.000	1.000	1.000	1.000	1.000	1.000
		T_H	1.000	1.000	1.000	1.000	1.000	1.000
	(200, 200)	T_L	1.000	1.000	1.000	1.000	1.000	1.000
		T_H	1.000	1.000	1.000	1.000	1.000	1.000
	(300, 300)	T_L	1.000	1.000	1.000	1.000	1.000	1.000
		T_H	1.000	1.000	1.000	1.000	1.000	1.000

3.3　小结

本章我们为同时检验两个高维总体均值向量和协方差矩阵提出了一个新的方法. 我们推导了检验统计量的渐近原分布，给出检验的理论势函数. 我们的检验方法不仅适用于 $n > p$ ，也适用于 $p \geqslant n$. 模拟结果显示我们提出的检验方法对正态数据和非正态数据表现得都很好. 我们接下来的工作是继续挖掘检验统计量的其他渐近性质，以及利用我们的检验方法解决实际问题 .

4 高维总体协方差矩阵的组内等相关性检验

本章的主要内容是检验高维总体协方差矩阵是否有组内等相关结构. 对高维正态数据，人们已经为这个假设问题提出了一些检验方法. 然而，这些方法对高维非正态数据是不适用的，因此是不稳健的. 本章将提出一个新的检验方法，这种方法对正态和非正态数据都是适用的. 当 p 随着 n 成比例增大时，利用鞅差中心极限定理，我们得到检验统计量的渐近性质，并且利用蒙特卡洛模拟来评价我们提出的方法的功效.

4.1 检验统计量及其渐近分布

由于 $\boldsymbol{S}$ 是 $\boldsymbol{\Sigma}$ 的无偏估计，在 H_{07} 成立时，可以得到

$$E(\mathrm{tr}\boldsymbol{S})=p\sigma^2,\quad \text{且}\ E(\mathbf{1}^{\mathrm{T}}\boldsymbol{S}\mathbf{1})=p\sigma^2[1+(p-1)\rho].$$

利用替换原理，我们得到

$$\mathrm{tr}\boldsymbol{S}-p\hat{\sigma}^2=0,$$

$$\mathbf{1}^{\mathrm{T}}\boldsymbol{S}\mathbf{1}-\mathrm{tr}\boldsymbol{S}[1+(p-1)\hat{\rho}]=0,$$

这就表明 σ^2 和 ρ 的无偏估计为

$$\hat{\sigma}^2=\frac{\mathrm{tr}\boldsymbol{S}}{p},\quad \text{且}\ \hat{\rho}=\frac{1}{p-1}\left(\frac{\mathbf{1}^{\mathrm{T}}\boldsymbol{S}\mathbf{1}}{\mathrm{tr}\boldsymbol{S}}-1\right). \tag{4.1}$$

令 $\hat{\boldsymbol{\Sigma}}=\hat{\sigma}^2[(1-\hat{\rho})\boldsymbol{I}_p+\hat{\rho}\boldsymbol{J}_p]$，其中，$\hat{\sigma}^2$ 和 $\hat{\rho}$ 由(4.1)得到. 定义新的检验统计量为

$$T_{LZ}=\mathrm{tr}\,(\hat{\boldsymbol{\Sigma}}-\boldsymbol{S})^2. \tag{4.2}$$

当 T_{LZ} 较大时，我们有理由相信应拒绝原假设. 定义

$$\boldsymbol{S}_{\boldsymbol{\mu}}=n^{-1}\sum_{i=1}^{n}(\boldsymbol{x}_i-\boldsymbol{\mu})(\boldsymbol{x}_i-\boldsymbol{\mu})^{\mathrm{T}},\quad 及\ \boldsymbol{F}=n^{-1}\sum_{i=1}^{n}\boldsymbol{y}_i\boldsymbol{y}_i^{\mathrm{T}},\tag{4.3}$$

其中 $\{\boldsymbol{y}_i=\boldsymbol{\Sigma}^{-1/2}(\boldsymbol{x}_i-\boldsymbol{\mu}),\ i=1,2,\cdots,n\}$ 是独立同分布的随机变量序列，其均值向量为 $\mathbf{0}$，协方差矩阵为 $\boldsymbol{I}_p$. 显而易见有

$$\boldsymbol{S}_{\boldsymbol{\mu}}=\boldsymbol{\Sigma}^{1/2}\boldsymbol{F}\boldsymbol{\Sigma}^{1/2}.\tag{4.4}$$

Srivastava[84]表明，对大的 n，$\boldsymbol{S}$ 可以近似地由 $\boldsymbol{S}_{\boldsymbol{\mu}}$ 替换. 因此，本章中我们推导 T_{LZ} 的渐近分布时，将用 $\boldsymbol{S}_{\boldsymbol{\mu}}$ 替换 $\boldsymbol{S}$. 我们可以证明

引理 4.1.1 当 $(n,p)\to\infty$ 及 $p/n\to y\in(0,\infty)$ 时，若 H_{07} 成立，则

(i) $\dfrac{\mathrm{tr}\boldsymbol{S}}{p}\xrightarrow{P}\sigma^2$,

(ii) $\dfrac{\mathbf{1}^{\mathrm{T}}\boldsymbol{S}\mathbf{1}-\mathrm{tr}\boldsymbol{S}}{(p-1)\mathrm{tr}\boldsymbol{S}}\xrightarrow{P}\rho.$

引理 4.1.1 的证明见 4.3 节.

注 3 引理 4.1.1 说明 $\dfrac{\mathrm{tr}\boldsymbol{S}}{p}$ 和 $\dfrac{\mathbf{1}^{\mathrm{T}}\boldsymbol{S}\mathbf{1}-\mathrm{tr}\boldsymbol{S}}{(p-1)\mathrm{tr}\boldsymbol{S}}$ 分别是 σ^2 和 ρ 的相合估计.

基于鞅差中心极限定理，我们可以推导出下面的渐近结果：

定理 4.1.1 假设 $(n,p)\to\infty$，同时 $p/n\to y\in(0,\infty)$，则在 H_{07} 成立下，有

$$\frac{\dfrac{T_{LZ}}{\sqrt{p}}-\sqrt{p}\hat{\sigma}^4(1-\hat{\rho})^2y}{2\hat{\sigma}^4\hat{\rho}(1-\hat{\rho})}-\sqrt{n}y^{3/2}\xrightarrow{D}N(0,2y^2),\tag{4.5}$$

其中，$\hat{\sigma}^2$ 和 $\hat{\rho}$ 满足(4.1).

定理 4.1.1 的证明见 4.3 节. 令 α 是真实的第一类误差，$q_{1-\alpha}$ 是标准正态分布 $N(0,1)$的 $100(1-\alpha)\%$分位数. 则这个检验的拒绝域为

$$\left\{\boldsymbol{x}_1,\cdots,\boldsymbol{x}_n:\ T_{LZ}>p\hat{\sigma}^4(1-\hat{\rho})^2y+2\sqrt{2p}\hat{\sigma}^4\hat{\rho}(1-\hat{\rho})y\left(\sqrt{\frac{ny}{2}}+q_{1-\alpha/2}\right)\right.$$

$$\left.或\ T_{LZ}<p\hat{\sigma}^4(1-\hat{\rho})^2y+2\sqrt{2p}\hat{\sigma}^4\hat{\rho}(1-\hat{\rho})y\left(\sqrt{\frac{ny}{2}}+q_{\alpha/2}\right)\right\}.$$

4.2 模拟研究

本节中我们通过对有限样本的模拟研究来评价检验统计量 T_{LZ} 的功效．同时作为比较，我们也评价了 Srivastava 等提出的检验统计量，记为 T_S．模拟数据根据下面的模型产生：

$$\boldsymbol{x}=\boldsymbol{\mu}+\boldsymbol{\Sigma}^{1/2}\boldsymbol{y},$$

其中，$(\boldsymbol{\Sigma}^{1/2})^2=\boldsymbol{\Sigma}$，$\boldsymbol{y}=(y_1, \cdots, y_p)^{\mathrm{T}}$，$\{y_1, \cdots, y_p\}$ 是独立的服从同一分布 $F(\cdot)$ 的样本，分布 $F(\cdot)$ 的均值为 0、方差为 1. 分布 $F(\cdot)$ 考虑以下三个类型：

(1)标准正态分布 $N(0, 1)$；

(2)正态分布的混合分布 $0.85N(0, 1)+0.15N(0, 9)$；

(3)对数正态分布 $LN(0, 0.25)$.

对每种类型，我们分别令 $\sigma^2=1$，$\rho=0.2, 0.5, 0.8$. 原假设设置为 H_0：$\boldsymbol{\Sigma}=(1-\rho)\boldsymbol{I}_p+\rho\boldsymbol{J}_p$；备择假设设置为 $\boldsymbol{\Sigma}$ 等于一个矩阵，这个矩阵是将 $(1-\rho)\boldsymbol{I}_p+\rho\boldsymbol{J}_p$ 的第一行和第一列元素都设置为 $\rho/2$. 显著性水平取为 $\alpha=0.05$. 对每对 (p, n) 运算 1 000 次，经验显著性水平在原假设下计算，经验势在备择假设下计算．

表 4.1 与显示了标准正态分布下，不同 (p, n) 时 T_{LZ} 和 T_S 的经验显著性水平和经验势. 显而易见，对于正态数据这两个检验统计量有相似的功效. 为了评价检验统计量 T_{LZ} 对检验非正态数据的功效，我们对正态分布的混合分布 $0.85N(0, 1)+0.15N(0, 9)$ 和对数正态分布 $LN(0, 0.25)$ 实施了模拟，所得结果分别列在表 4.2 和表 4.3 中. 从这两个表中的数据我们可以看到，虽然对较小的组内相关系数 T_{LZ} 表现得不够好，但是它对较大的组内相关系数表现得很好. 这个特点也可通过图 4.1～图 4.3 清楚地看到. 同时，我们评价了统计量 T_S 的经验显著性水平，模拟结果列在表 4.2 中，从表中的数据可以看出 T_S 对非正态数据表现不好. 通过模拟得到的数据显示出我们提出的检验程序对有较高组内相关系数的大维多元数据是适用的，并且是稳健的．

表 4.1　正态总体 $N(0, 1)$下，基于 T_{LZ} 和 T_S 的检验组内等相关矩阵的经验第一类误差(%)和经验势(%). 循环 1 000 次

		经验第一类误差						经验势					
n	p	$\rho=0.2$		$\rho=0.5$		$\rho=0.8$		$\rho=0.2$		$\rho=0.5$		$\rho=0.8$	
		T_S	T_{LZ}	T_S	T_{LZ}	T_S	T_{LZ}	T_S	T_{LZ}	T_S	T_{LZ}	T_S	T_{LZ}
50	20	5.1	12.0	4.9	5.4	4.8	4.7	7.4	19.9	32.5	38.7	98.9	86.7
	50	5.1	8.6	4.4	4.8	4.9	4.5	5.9	13.9	21.4	29.5	95.4	81.2
	100	5.1	6.9	4.8	4.3	5.0	4.6	5.9	10.3	13.3	20.1	85.9	72.4
	200	4.9	5.4	4.9	4.0	5.1	4.4	5.0	7.4	8.4	13.5	66.2	59.6
	400	4.8	4.9	4.5	4.0	4.4	3.4	4.9	5.9	6.4	9.5	41.9	43.0
100	20	4.8	10.9	4.9	5.3	4.9	4.9	10.2	28.4	70.1	72.1	100	99.3
	50	4.3	8.7	5.0	5.6	4.9	4.6	8.0	20.7	51.5	60.7	100	98.8
	100	4.7	6.7	4.4	5.2	4.9	4.5	6.3	14.6	32.9	46.2	99.8	96.9
	200	4.5	5.6	5.0	4.7	5.0	4.5	5.5	10.7	19.0	30.9	97.2	92.3
	400	5.1	5.4	4.7	4.5	4.6	4.3	5.4	8.5	11.4	21.0	84.5	82.8
200	20	5.0	11.5	4.8	5.7	4.9	4.9	22.1	47.9	97.8	97.1	100	100
	50	5.0	9.4	5.1	5.4	4.9	4.9	16.2	37.8	91.1	93.3	100	100
	100	5.4	7.5	5.0	5.5	5.0	4.7	11.2	26.6	75.2	85.0	100	100
	200	4.7	6.3	4.5	4.9	5.1	4.8	8.1	17.7	51.4	70.4	100	99.9
	400	4.6	5.4	4.6	4.6	4.9	4.9	6.5	12.6	29.3	49.9	99.9	99.5
400	20	5.1	11.3	4.9	5.7	5.4	4.9	51.8	78.7	100	100	100	100
	50	5.3	9.2	5.1	5.8	4.9	5.2	39.1	67.3	100	99.9	100	100
	100	5.0	7.0	5.0	5.5	5.0	5.1	25.8	52.6	99.3	99.6	100	100
	200	4.7	7.0	4.9	4.7	5.0	5.1	16.1	36.7	93.6	98.2	100	100
	400	4.8	5.6	5.0	4.8	4.9	5.1	10.3	23.6	75.0	91.1	100	100
800	20	5.3	12.0	5.0	6.0	4.6	5.0	90.5	98.2	100	100	100	100
	50	5.1	9.1	5.1	5.5	5.2	4.9	83.0	96.5	100	100	100	100
	100	4.7	7.5	5.0	5.6	4.9	4.7	65.2	89.4	100	100	100	100
	200	5.1	6.5	4.9	5.4	4.9	5.4	42.4	73.8	100	100	100	100
	400	4.7	5.9	4.8	5.2	5.1	5.1	24.8	53.1	99.6	100	100	100

表 4.2　正态总体的混合 $0.85N(0,1)+0.15N(0,9)$ 及对数正态总体 $LN(0,0.25)$ 下，基于 T_{LZ} 和 T_S 的检验组内等相关矩阵的经验第一类误差(%). 循环 1 000 次

N	p	$0.85N(0,1)+0.15N(0,9)$						$LN(0,0.25)$					
		$\rho=0.2$		$\rho=0.5$		$\rho=0.8$		$\rho=0.2$		$\rho=0.5$		$\rho=0.8$	
		T_S	T_{LZ}	T_S	T_{LZ}	T_S	T_{LZ}	T_S	T_{LZ}	T_S	T_{LZ}	T_S	T_{LZ}
50	20	40.1	54.2	38.1	20.4	33.6	9.8	42.5	54.7	39.9	21.1	37.0	10.9
	50	39.5	40.9	37.7	15.6	33.8	8.7	42.7	43.2	41.7	16.8	39.2	9.3
	100	38.7	28.8	37.4	12.0	33.9	7.6	45.1	32.4	42.6	12.6	40.0	8.7
	200	36.7	19.3	35.7	9.3	34.1	6.9	43.9	22.0	42.2	9.3	40.7	7.1
	400	36.1	12.7	35.1	7.7	34.1	6.3	44.0	14.8	43.4	7.6	41.0	6.0
100	20	46.7	57.2	43.1	20.8	38.0	10.3	49.0	58.1	46.6	22.8	43.2	11.0
	50	45.4	43.0	43.1	16.1	38.8	8.8	51.6	46.6	48.9	17.5	45.6	9.0
	100	43.8	29.0	41.7	12.4	39.2	7.6	51.2	33.1	50.2	13.2	46.8	7.7
	200	42.3	20.5	40.4	9.4	38.7	6.7	50.7	22.4	50.1	10.2	47.7	7.3
	400	40.8	13.9	40.6	7.8	38.7	6.2	50.8	16.0	51.0	8.5	48.0	6.5
200	20	48.5	57.3	45.9	21.1	41.0	9.9	54.6	61.8	51.6	23.6	47.5	11.1
	50	48.3	43.7	46.3	15.9	41.8	8.4	56.0	49.2	53.5	17.8	50.0	9.8
	100	45.9	29.6	44.9	11.8	43.0	8.0	56.5	34.6	55.1	13.5	51.5	7.9
	200	44.6	19.8	44.1	9.4	42.2	6.8	56.3	23.7	54.1	10.4	51.3	6.8
	400	44.1	14.1	43.2	8.2	41.7	6.2	54.5	15.9	54.4	8.0	52.0	6.3
400	20	50.1	57.8	47.2	21.1	42.4	9.7	57.3	62.9	54.2	24.4	49.9	10.9
	50	49.6	43.9	47.8	15.8	44.0	8.6	58.8	50.2	56.1	18.5	52.8	9.4
	100	48.5	30.6	46.3	11.8	43.8	7.3	58.8	33.9	57.3	13.7	52.7	8.0
	200	46.9	20.6	44.6	9.7	43.4	7.0	58.2	24.0	56.5	10.8	53.8	7.1
	400	44.7	14.0	44.9	8.1	42.4	6.3	57.2	16.2	55.9	8.3	54.7	6.3
800	20	50.5	58.3	47.9	21.4	42.7	9.9	59.0	64.5	57.2	24.7	52.0	10.9
	50	50.4	44.0	47.4	15.3	44.9	9.0	60.1	50.6	57.9	18.5	53.5	8.7
	100	49.0	30.3	46.8	11.3	43.4	7.4	60.2	35.2	58.6	13.9	54.6	7.7
	200	48.2	21.0	46.0	9.3	44.4	6.9	58.8	23.5	56.8	10.0	56.3	7.6
	400	46.6	14.7	45.0	7.7	43.6	6.1	58.2	16.3	57.6	8.5	55.6	6.2

表 4.3 正态总体的混合 $0.85N(0,1)+0.15N(0,9)$ 及对数正态总体 $LN(0,0.25)$ 下，基于 T_{LZ} 的检验组内等相关矩阵的经验势(%). 循环 1 000 次

N	p	$0.85N(0,1)+0.15N(0,9)$			$LN(0,0.25)$		
		$\rho=0.2$	$\rho=0.5$	$\rho=0.8$	$\rho=0.2$	$\rho=0.5$	$\rho=0.8$
50	20	64.3	57.8	79.0	64.0	56.8	80.2
	50	50.4	46.2	74.4	51.9	47.7	75.9
	100	36.0	34.9	67.8	39.4	34.4	68.1
	200	23.3	23.8	59.3	26.0	24.4	58.2
	400	14.9	16.2	46.5	17.6	16.2	46.1
100	20	74.4	79.8	95.5	74.9	79.7	95.4
	50	61.1	71.7	93.8	63.1	71.7	93.1
	100	42.7	58.4	90.6	47.2	58.6	90.5
	200	29.4	42.1	85.2	31.2	43.1	85.4
	400	18.9	30.2	77.3	21.4	31.1	75.9
200	20	85.0	96.5	100	86.8	96.4	99.8
	50	75.1	93.4	99.7	77.7	92.8	99.6
	100	56.9	86.0	99.4	60.9	86.5	99.2
	200	39.0	73.8	98.5	43.7	74.2	98.2
	400	25.8	57.2	97.0	28.3	57.4	96.0
400	20	95.5	100	100	96.2	99.9	100
	50	90.6	99.8	100	92.0	99.7	100
	100	78.2	99.1	100	80.8	98.7	100
	200	60.9	96.7	100	63.9	96.5	100
	400	40.4	90.3	100	43.5	90.3	99.9
800	20	99.8	100	100	99.8	100	100
	50	99.2	100	100	99.5	100	100
	100	96.5	100	100	97.5	100	100
	200	87.8	100	100	89.5	100	100
	400	70.6	100	100	72.2	99.8	100

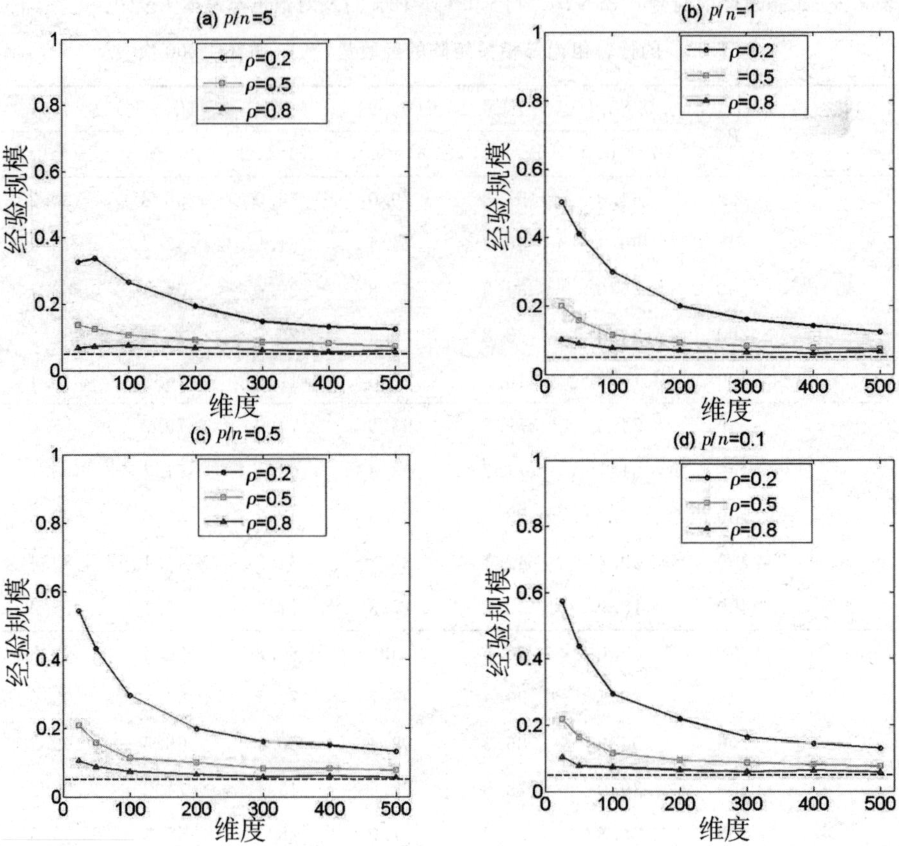

图 4.1　正态总体的混合 $0.85N(0,\ 1)+0.15N(0,\ 9)$ 下，基于 T_{LZ} 的检验组内等相关矩阵的经验第一类误差

维数和样本量的设置是：(a) $p/n=5$；(b) $p/n=1$；(c) $p/n=0.5$；(d) $p/n=0.1$. **虚线是理论第一类误差. 循环** 1 000 **次** .

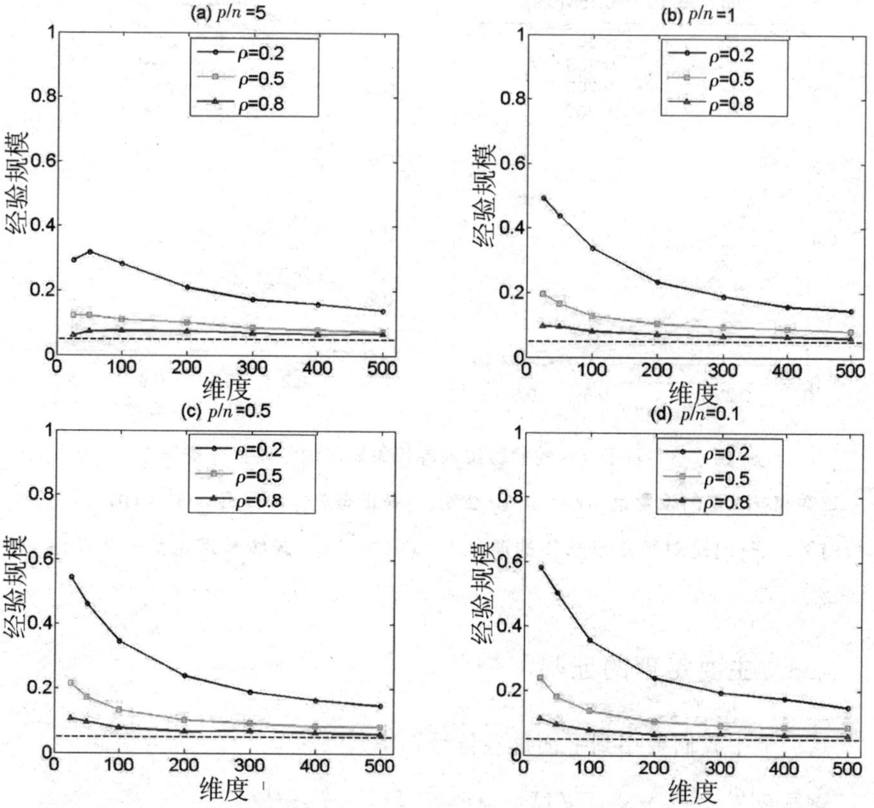

图 4.2　对数正态总体的混合 $LN(0,\ 0.25)$下，基于 T_{LZ}的检验组内等相关矩阵的经验第一类误差

维数和样本量的设置是：(a) $p/n=5$；(b) $p/n=1$；(c) $p/n=0.5$；(d) $p/n=0.1$. **虚线是理论第一类误差．循环** 1000 **次．**

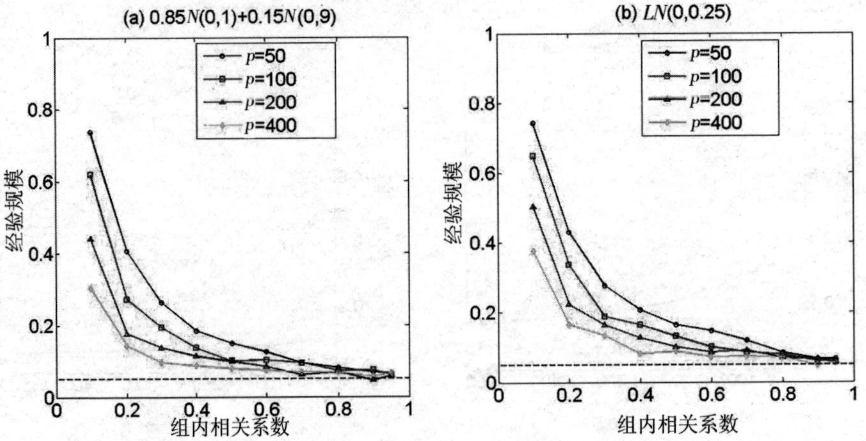

图 4.3　基于 T_{LZ} 的检验组内等相关矩阵的经验第一类误差

维数和样本量的设置是 $p/n=0.1$. 在图(a)是正态总体的混合 $0.85N(0,1)+0.15N(0,9)$ 下，图(b)是对数正态总体的混合 $LN(0,0.25)$. 虚线是理论第一类误差. 循环 1 000次

4.3　主要定理的证明

这一节中我们要用到下面这些符号：

$\mathfrak{F}_0=\sigma\{\Phi, \Omega\}$，$\mathfrak{F}_k=\sigma\{\boldsymbol{y}_1, \boldsymbol{y}_2, \cdots \boldsymbol{y}_k\}$，$k\geqslant 1$，

$$W=\frac{2}{n^2\sqrt{p}}\sum\nolimits_{i>j}(\mathbf{1}^{\mathrm{T}}\boldsymbol{y}_i\boldsymbol{y}_i^{\mathrm{T}}\boldsymbol{y}_j\boldsymbol{y}_j^{\mathrm{T}}\mathbf{1}),$$

$$M_k=E_k(W)=E(W\mid \mathfrak{F}_k),$$

$$Z_k=M_k-M_{k-1}=\frac{2}{n^2\sqrt{p}}(E_k-E_{k-1})\left[\sum\nolimits_{n\geqslant i>j\geqslant 1}\mathbf{1}^{\mathrm{T}}\boldsymbol{y}_i\boldsymbol{y}_i^{\mathrm{T}}\boldsymbol{y}_j\boldsymbol{y}_j^{\mathrm{T}}\mathbf{1}\right],$$

$$\sigma_k^2=E_{k-1}(Z_k^2)=E[Z_k^2\mid \mathfrak{F}_{k-1}],\ k=1,2,3,\cdots,n,$$

$$T_{1N}=\frac{1}{n^2\sqrt{p}}\sum_{i=1}^{n}\left[(\mathbf{1}^{\mathrm{T}}\boldsymbol{y}_i)^2(\boldsymbol{y}_i^{\mathrm{T}}\boldsymbol{y}_i)-E\{(\mathbf{1}^{\mathrm{T}}\boldsymbol{y}_i)^2(\boldsymbol{y}_i^{\mathrm{T}}\boldsymbol{y}_i)\}\right],$$

$$T_{2N}=\sum\nolimits_{k=1}^{n}Z_k=\frac{2}{n^2\sqrt{p}}\sum\nolimits_{i>j}\left[(\mathbf{1}^{\mathrm{T}}\boldsymbol{y}_i\boldsymbol{y}_i^{\mathrm{T}}\boldsymbol{y}_j\boldsymbol{y}_j^{\mathrm{T}}1)-E(\mathbf{1}^{\mathrm{T}}\boldsymbol{y}_i\boldsymbol{y}_i^{\mathrm{T}}\boldsymbol{y}_j\boldsymbol{y}_j^{\mathrm{T}}\mathbf{1})\right],$$

$$T_{3N}=\frac{\sqrt{p}}{n}\sum_{i=1}^{n}\left[\left(\frac{\mathbf{1}^{\mathrm{T}}\boldsymbol{y}_i}{\sqrt{p}}\right)^2-1\right].$$

其中，$\boldsymbol{y}_i=(y_{i1},\cdots,y_{ip})^{\mathrm{T}}$，$\{y_{ij},1\leqslant i\leqslant n,1\leqslant j\leqslant p\}$ 是相互独立且同分

布的标准化随机变量序列，而且假设其满足

$$E(y_{ij}^{k})=\mu_k,\ 1\leqslant k\leqslant 8, \tag{4.6}$$

都是有限的常数. 显然 $\mu_1=0$, $\mu_2=1$.

4.3.1　几个引理

本节我们给出一些引理，这些引理在推导检验统计量 T_{LZ} 的渐近分布时是有帮助的.

引理 4.3.1　对矩阵 $\boldsymbol{F}$，当 $(n, p)\to\infty$，同时 $p/n\to y\in(0, \infty)$ 时，则有

(i) $\dfrac{\boldsymbol{1}^{\mathrm{T}}\boldsymbol{F}\boldsymbol{1}}{p}\xrightarrow{P}1$,

(ii) $\dfrac{\mathrm{tr}\boldsymbol{F}}{p}\xrightarrow{P}1$,

(iii) $\sqrt{p}\left(\dfrac{\mathrm{tr}\boldsymbol{F}}{p}-1\right)\xrightarrow{P}0$,

(iv) $\dfrac{1}{\sqrt{p}}\mathrm{tr}(\boldsymbol{F}^2)=\sqrt{p}(1+y)+o_p(1)$.

证明. 这里我们仅仅证明(iii)和(iv). (i)和(ii)的证明是相似的.

为了证明(iii)，我们首先推导 $E(\mathrm{tr}\boldsymbol{F})$ 和 $\mathrm{Var}(\mathrm{tr}\boldsymbol{F})$，因为如下结果

$$E(\mathrm{tr}\boldsymbol{F})=\frac{1}{n}\sum_{i=1}^{n}E[\mathrm{tr}(\boldsymbol{y}_i\boldsymbol{y}_i^{\mathrm{T}})]=\frac{1}{n}\sum_{i=1}^{n}E(\boldsymbol{y}_i^{\mathrm{T}}\boldsymbol{y}_i)=p, \tag{4.7}$$

及

$$E[(\mathrm{tr}\boldsymbol{F})^2]=\frac{1}{n^2}E\Big[\sum_{i=1}^{n}(\boldsymbol{y}_i^{\mathrm{T}}\boldsymbol{y}_i)^2+\sum_{i\neq j}^{n}(\boldsymbol{y}_i^{\mathrm{T}}\boldsymbol{y}_i)(\boldsymbol{y}_j^{\mathrm{T}}\boldsymbol{y}_j)\Big]=\frac{p(\mu_4+np-1)}{n}.$$

由这两个结果，可以得到

$$\mathrm{Var}(\mathrm{tr}\boldsymbol{F})=E[(\mathrm{tr}\boldsymbol{F})^2]-E[(\mathrm{tr}\boldsymbol{F})]^2=\frac{p(\mu_4-1)}{n}. \tag{4.8}$$

因此可以得到

$$E\left[\sqrt{p}\left(\frac{\mathrm{tr}\boldsymbol{F}}{p}-1\right)\right]=0$$

和

$$\mathrm{Var}\left[\sqrt{p}\left(\frac{\mathrm{tr}\boldsymbol{F}}{p}-1\right)\right]=\frac{\mu_4-1}{n}.$$

由切比雪夫不等式(Chebyshev's inequality)，对所有的 $\varepsilon > 0$，

$$P\left(\left|\sqrt{p}\left(\frac{\mathrm{tr}\boldsymbol{F}}{p}-1\right)-E\left[\sqrt{p}\left(\frac{\mathrm{tr}\boldsymbol{F}}{p}-1\right)\right]\right|\geqslant \varepsilon\right)\leqslant \frac{\mathrm{Var}\left[\sqrt{p}\left(\frac{\mathrm{tr}\boldsymbol{F}}{p}-1\right)\right]}{\varepsilon^2}$$

$$=\frac{\mu_4-1}{n\varepsilon^2}.$$

当 n，$p\to\infty$ 时，$\frac{\mu_4-1}{n\varepsilon^2}\to 0$. 因此我们断定

$$\sqrt{p}\left(\frac{\mathrm{tr}\boldsymbol{F}}{p}-1\right)\xrightarrow{P}0.$$

相似地，为了证明(iv)，通过一些推导计算，我们获得

$$E\left[\frac{1}{\sqrt{p}}\mathrm{tr}(\boldsymbol{F}^2)\right]=\frac{\sqrt{p}(n+p+\mu_4-2)}{n}$$

及

$$E\left(\frac{1}{\sqrt{p}}\boldsymbol{F}^2\right)^2=\frac{n^4p^2+n^2p^4+2n^3p^3+2(\mu_4-2)n^2p^3+2(\mu_4-2)n^3p^2}{n^4p}$$

$$+o(n^4p),$$

由此可得

$$\mathrm{Var}\left[\frac{1}{\sqrt{p}}\mathrm{tr}(\boldsymbol{F}^2)\right]\to 0.$$

显而易见，当 n，$p\to\infty$ 及 $p/n\to y\in(0,\infty)$ 时，

$$E\left[\frac{1}{\sqrt{p}}\mathrm{tr}(\boldsymbol{F}^2)-\sqrt{p}(1+y)\right]\to 0$$

及

$$\mathrm{Var}\left[\frac{1}{\sqrt{p}}\mathrm{tr}(\boldsymbol{F}^2)-\sqrt{p}(1+y)\right]\to 0.$$

再次运用切比雪夫不等式，我们可以得到

$$\frac{1}{\sqrt{p}}\mathrm{tr}(\boldsymbol{F}^2)=\sqrt{p}(1+y)+o_p(1).$$

引理 4.3.2　对于矩阵 $\boldsymbol{F}$，若 n，$p\to\infty$ 及 $p/n\to y\in(0,\infty)$，则

(i) $\displaystyle\frac{1}{n^2\sqrt{p}}\sum_{i=1}^{n}[(\boldsymbol{1}^{\mathrm{T}}\boldsymbol{y}_i)^2(\boldsymbol{y}_i^{\mathrm{T}}\boldsymbol{y}_i)-E(\boldsymbol{1}^{\mathrm{T}}\boldsymbol{y}_i)^2(\boldsymbol{y}_i^{\mathrm{T}}\boldsymbol{y}_i)]\xrightarrow{D}N(0,2y^3)$.

(ii) $\sqrt{p}\left(\frac{\mathbf{1}^{\mathrm{T}}\boldsymbol{F}\mathbf{1}}{p}-1\right)\xrightarrow{D}N(0,\ 2y)$.

证明 (i)经过推导我们可以得到下面的结果：

$$E\left[\frac{(\mathbf{1}^{\mathrm{T}}\boldsymbol{y}_i)^2(\boldsymbol{y}_i^{\mathrm{T}}\boldsymbol{y}_i)}{p^2}\right]=1+\frac{\mu_4-1}{p},\tag{4.9}$$

及当 n，$p\to\infty$ 时

$$\operatorname{Var}\left[\frac{(\mathbf{1}^{\mathrm{T}}\boldsymbol{y}_i)^2(\boldsymbol{y}_i^{\mathrm{T}}\boldsymbol{y}_i)}{p^2}\right]=\frac{14\mu_4+4\mu_3^2-16}{p}$$
$$+\frac{8\mu_6+6\mu_4^2-46\mu_4-12\mu_3^2+32}{p^2}+\frac{\mu_8-7\mu_4^2+32\mu_4+8\mu_3^2-18}{p^3}$$
$$+2\to 2.$$

利用经典的中心极限定理，当 $n\to\infty$，可得

$$\sqrt{n}\left(\frac{1}{n}\sum_{i=1}^{n}\frac{(\mathbf{1}^{\mathrm{T}}\boldsymbol{y}_i)^2(\boldsymbol{y}_i^{\mathrm{T}}\boldsymbol{y}_i)}{p^2}-E\left[\frac{(\mathbf{1}^{\mathrm{T}}\boldsymbol{y}_i)^2(\boldsymbol{y}_i^{\mathrm{T}}\boldsymbol{y}_i)}{p^2}\right]\right)\xrightarrow{D}N(0,\ 2).$$

因此当 n，$p\to\infty$ 及 $p/n\to y\in(0,\ \infty)$ 时，下面的渐近结论是成立的.

$$\frac{1}{n^2\sqrt{p}}\sum_{i=1}^{n}\left[(\mathbf{1}^{\mathrm{T}}\boldsymbol{y}_i)^2(\boldsymbol{y}_i^{\mathrm{T}}\boldsymbol{y}_i)-E\,(\mathbf{1}^{\mathrm{T}}\boldsymbol{y}_i)^2(\boldsymbol{y}_i^{\mathrm{T}}\boldsymbol{y}_i)\right]\xrightarrow{D}N(0,\ 2y^3),$$

即

$$T_{1N}\xrightarrow{D}N(0,\ 2y^3).\tag{4.10}$$

(ii) 因为

$$\mathbf{1}^{\mathrm{T}}\boldsymbol{F}\mathbf{1}=\frac{1}{n}\sum_{i=1}^{n}(\mathbf{1}^{\mathrm{T}}\boldsymbol{y}_i)^2.$$

又易得

$$E[(\mathbf{1}^{\mathrm{T}}\boldsymbol{y}_i)^2]=p$$

及

$$\frac{1}{p}\operatorname{Var}[(\mathbf{1}^{\mathrm{T}}\boldsymbol{y}_i)^2]=\frac{2p+\mu_4-3}{p}\to 2,\ \text{当}\ p\to\infty.$$

利用经典的中心极限定理，当 $n\to\infty$ 时，

$$\frac{\frac{1}{n}\sum_{i=1}^{n}\frac{(\mathbf{1}^{\mathrm{T}}\boldsymbol{y}_i)^2}{p}-1}{\sqrt{2}/\sqrt{n}}\xrightarrow{D}N(0,\ 1),$$

也即

$$\sqrt{p}\left(\frac{\mathbf{1}^{\mathrm{T}}\boldsymbol{F}\mathbf{1}}{p}-1\right)=\sqrt{p}\left(\frac{1}{n}\sum_{i=1}^{n}\frac{(\mathbf{1}^{\mathrm{T}}\boldsymbol{y}_i)^2}{p}-1\right)\xrightarrow{D}N(0,\ 2y),$$

等价于

$$T_{3N}\xrightarrow{D}N(0,\ 2y). \tag{4.11}$$

引理 4.1.1 **的证明：**

由 $\boldsymbol{S}$ 和 $\boldsymbol{S}_{\boldsymbol{\mu}}$ 的定义，我们可以得到

$$\frac{\mathrm{tr}\boldsymbol{S}}{p}=\frac{n}{n-1}\left(\frac{\mathrm{tr}\boldsymbol{S}_{\boldsymbol{\mu}}}{p}\right)-\frac{n}{n-1}\cdot\frac{(\bar{\boldsymbol{x}}-\boldsymbol{\mu})^{\mathrm{T}}(\bar{\boldsymbol{x}}-\boldsymbol{\mu})}{p},$$

$$\frac{\mathbf{1}^{\mathrm{T}}\boldsymbol{S}\mathbf{1}}{p}=\frac{n}{n-1}\left(\frac{\mathbf{1}^{\mathrm{T}}\boldsymbol{S}_{\boldsymbol{\mu}}\mathbf{1}}{p}\right)-\frac{n}{n-1}\cdot\frac{\mathbf{1}^{\mathrm{T}}(\bar{\boldsymbol{x}}-\boldsymbol{\mu})(\bar{\boldsymbol{x}}-\boldsymbol{\mu})^{\mathrm{T}}\mathbf{1}}{p}.$$

令 $\bar{x}_{\cdot j}=\frac{1}{n}\sum_{i=1}^{n}x_{ij}$. 则

$$\mathrm{E}(\bar{x}_{\cdot j}-\mu_j)=0,\ \mathrm{Var}(\bar{x}_{\cdot j}-\mu_j)\leqslant\frac{\sigma_{jj}}{n},\ j=1,\ 2,\ \cdots,\ p.$$

由切比雪夫不等式，对 $j=1,\ 2,\ \cdots,\ p$，我们得到 $\bar{x}_{\cdot j}-\mu_j\xrightarrow{P}0$ 和 $(\bar{x}_{\cdot j}-\mu_j)^2\xrightarrow{P}0$.

注意到

$$(\bar{\boldsymbol{x}}-\boldsymbol{\mu})^{\mathrm{T}}(\bar{\boldsymbol{x}}-\boldsymbol{\mu})=\sum_{j=1}^{p}(\bar{x}_{\cdot j}-\mu_j)^2,$$

$$\mathbf{1}^{\mathrm{T}}(\bar{\boldsymbol{x}}-\boldsymbol{\mu})(\bar{\boldsymbol{x}}-\boldsymbol{\mu})^{\mathrm{T}}\mathbf{1}=\left[\sum_{j=1}^{p}(\bar{x}_{\cdot j}-\mu_j)\right]^2.$$

当 $n,\ p\to\infty$ 时，有

$$\frac{(\bar{\boldsymbol{x}}-\boldsymbol{\mu})^{\mathrm{T}}(\bar{\boldsymbol{x}}-\boldsymbol{\mu})}{p}\xrightarrow{P}0$$

和

$$\frac{\mathbf{1}^{\mathrm{T}}(\bar{\boldsymbol{x}}-\boldsymbol{\mu})(\bar{\boldsymbol{x}}-\boldsymbol{\mu})^{\mathrm{T}}\mathbf{1}}{p}\xrightarrow{P}0$$

成立. 由(4.6)和引理 4.3.2，可得

$$\frac{\mathrm{tr}\boldsymbol{S}_{\boldsymbol{\mu}}}{p}=\sigma^2(1-\rho)\frac{1}{p}\mathrm{tr}\boldsymbol{F}+\sigma^2\rho\frac{\mathbf{1}^{\mathrm{T}}\boldsymbol{F}\mathbf{1}}{p}\xrightarrow{P}\sigma^2.$$

因此我们推断

$$\frac{\mathrm{tr}\boldsymbol{S}}{p}\xrightarrow{P}\sigma^2.$$

(i)得证.

下面证明(ii)，注意到

$$\frac{\mathbf{1}^{\mathrm{T}}\boldsymbol{S}_{\mu}\mathbf{1}-\mathrm{tr}\boldsymbol{S}_{\mu}}{(p-1)\mathrm{tr}S_{\mu}}=\frac{[1+(p-1)\rho](\mathbf{1}^{\mathrm{T}}\mathbf{1})}{(p-1)[(1-\rho)\mathrm{tr}\boldsymbol{F}+\rho(\mathbf{1}^{\mathrm{T}}\boldsymbol{F}\mathbf{1})]}-\frac{1}{p-1}.$$

由引理 4.3.1，当 n，$p\to\infty$ 时，可得到

$$\frac{\mathbf{1}^{\mathrm{T}}\boldsymbol{S}_{\mu}\mathbf{1}-\mathrm{tr}\boldsymbol{S}_{\mu}}{(p-1)\mathrm{tr}\boldsymbol{S}_{\mu}}\xrightarrow{P}\rho.$$

因此我们得到

$$\frac{\mathbf{1}^{\mathrm{T}}\boldsymbol{S}\mathbf{1}-\mathrm{tr}\boldsymbol{S}}{(p-1)\mathrm{tr}\boldsymbol{S}}\xrightarrow{P}\rho.$$

注 4　引理 4.1.1 说明 $\frac{\mathrm{tr}\boldsymbol{S}}{p}$ 和 $\frac{\mathbf{1}^{\mathrm{T}}\boldsymbol{S}\mathbf{1}-\mathrm{tr}\boldsymbol{S}}{(p-1)\mathrm{tr}\boldsymbol{S}}$ 分别是σ^2 和 ρ 的相合估计.

4.3.2　$\sum_{k=1}^{n}Z_k$ 的渐近原分布

本节中我们将利用鞅差中心极限定理(文献[85]中第 543 页的定理 4)推导 $\sum_{k=1}^{n}Z_k$ 的渐近原分布. 为了清晰的陈述，我们把整个推导过程分成下面的四步.

第一步　我们将证明 $\{Z_k,\ 1\leqslant k\leqslant n\}$ 是一个平方可积鞅差序列. 易于得到，对 $k=1$，…，n，

$$\begin{aligned}
Z_k&=\frac{2}{n^2\sqrt{p}}(E_k-E_{k-1})[\sum_{n\geqslant i>j\geqslant 1}\mathbf{1}^{\mathrm{T}}\boldsymbol{y}_i\boldsymbol{y}_i^{\mathrm{T}}\boldsymbol{y}_j\boldsymbol{y}_j^{\mathrm{T}}\mathbf{1}]\\
&=\frac{2}{n^2\sqrt{p}}\{(E_k-E_{k-1})\sum_{i=k+1}^{n}\mathbf{1}^{\mathrm{T}}\boldsymbol{y}_i\boldsymbol{y}_i^{\mathrm{T}}\boldsymbol{y}_k\boldsymbol{y}_k^{\mathrm{T}}\mathbf{1}\\
&\quad+(E_k-E_{k-1})\sum_{j=1}^{k-1}\sum_{i>j}^{n}\mathbf{1}^{\mathrm{T}}\boldsymbol{y}_i\boldsymbol{y}_i^{\mathrm{T}}\boldsymbol{y}_j\boldsymbol{y}_j^{\mathrm{T}}\mathbf{1}\\
&\quad+(E_k-E_{k-1})\sum_{j=k+1}^{n}\sum_{i>j}^{n}\mathbf{1}^{\mathrm{T}}\boldsymbol{y}_i\boldsymbol{y}_i^{\mathrm{T}}\boldsymbol{y}_j\boldsymbol{y}_j^{\mathrm{T}}\mathbf{1}\}.\\
&\equiv\frac{2}{n^2\sqrt{p}}(A_{1k}+A_{2k}+A_{3k}).
\end{aligned}$$

通过推导，我们可以得到

$$A_{1k}=(n-k)(\mathbf{1}^{\mathrm{T}}\boldsymbol{y}_k\boldsymbol{y}_k^{\mathrm{T}}\mathbf{1}-p),$$

$$A_{2k}=\sum_{j=1}^{k-1}\mathbf{1}^{\mathrm{T}}\boldsymbol{y}_j\boldsymbol{y}_j^{\mathrm{T}}\boldsymbol{y}_k\boldsymbol{y}_k^{\mathrm{T}}\mathbf{1}-\sum_{j=1}^{k-1}\mathbf{1}^{T}\boldsymbol{y}_j\boldsymbol{y}_j^{\mathrm{T}}\mathbf{1},$$

$$A_{3k}=0.$$

也即 Z_k 可以表示为

$$Z_k=\frac{2}{n^2\sqrt{p}}\Big[(n-k)(\mathbf{1}^{\mathrm{T}}\boldsymbol{y}_k\boldsymbol{y}_k^{\mathrm{T}}\mathbf{1}-p)+\sum_{j=1}^{k-1}\mathbf{1}^{\mathrm{T}}\boldsymbol{y}_j\boldsymbol{y}_j^{\mathrm{T}}\boldsymbol{y}_k\boldsymbol{y}_k^{\mathrm{T}}\mathbf{1}-\sum_{j=1}^{k-1}(\mathbf{1}^{\mathrm{T}}\boldsymbol{y}_j)^2\Big].$$

通过推导我们可以得到 $E(Z_k\mid\mathfrak{I}_{k-1})=0$，及

$$\begin{aligned}E(Z_k^2)=\frac{4}{n^4p}\{&(n-k)(n+k-2)p(2p+\mu_4-3)+(k-1)p[(p+\mu_4-3)^2\\&+4(p+\mu_4-3)+4p]+(k-1)(k-3)p(3p+\mu_4-3)\\&-(k-1)(k-2)p^2\},\end{aligned}$$

它是有限的. 因此得到 $\{Z_k,1\leqslant k\leqslant n\}$ 是一个平方可积鞅差序列 .

第二步　我们将证明 $\sum_{k=1}^{\infty}\sigma_k^2\xrightarrow{P}2y^2+8y$. 因为

$$\begin{aligned}\sum_{k=1}^{n}\sigma_k^2=&\frac{4(2p+\mu_4-3)}{n^4}\sum_{k=1}^{n}(n-k)^2\\&+\frac{4(p+\mu_4-3)}{n^4p}\sum_{k=1}^{n}\sum_{j=1}^{k-1}(\mathbf{1}^{\mathrm{T}}\boldsymbol{y}_j)^2(\boldsymbol{y}_j^{\mathrm{T}}\boldsymbol{y}_j)\\&+\frac{4(p+\mu_4-3)}{n^4p}\sum_{k=1}^{n}\sum_{j\neq l}^{k-1}\mathbf{1}^{\mathrm{T}}\boldsymbol{y}_j\boldsymbol{y}_j^{\mathrm{T}}\boldsymbol{y}_l\boldsymbol{y}_l^{\mathrm{T}}\mathbf{1}+\frac{4}{n^4p}\sum_{k=1}^{n}\Big(\sum_{j=1}^{k-1}(\mathbf{1}^{\mathrm{T}}\boldsymbol{y}_j)^2\Big)^2\\&+\frac{8(2p+\mu_4-3)}{n^4p}\sum_{k=1}^{n}(n-k)\sum_{j=1}^{k-1}(\mathbf{1}^{\mathrm{T}}\boldsymbol{y}_j)^2\\\equiv&R_0+R_1+R_2+R_3+R_4.\end{aligned}$$

而且，当 n，$p\to\infty$ 及 $p/n\to y\in(0,\infty)$，可得

$$E\Big(\sum_{k=1}^{n}\sigma_k^2\Big)\to 2y^2+8y.$$

为了证明 $\sum_{k=1}^{n}\sigma_k^2\xrightarrow{P}2y^2+8y$ ，我们需要证明 $\mathrm{Var}(\sum_{k=1}^{n}\sigma_k^2)\to 0$. 基于这个目标，我们只需证明

$$\mathrm{Var}(R_l) \to 0,\ l=1,\ \cdots,\ 4.$$

对于 $j=1,2,\cdots,n$，经过冗长的推导可得到

$$\mathrm{Var}\left[\frac{4(p+\mu_4-3)}{n^4 p}(\mathbf{1}^{\mathrm{T}}\mathbf{y}_j)^2(\mathbf{y}_j^{\mathrm{T}}\mathbf{y}_j)\right]=\frac{16\,(p+\mu_4-3)^2}{n^8 p^2}f_1(p),$$

其中，

$$f_1(p)=p(p-1)(2p^2-14p+18)+4p(p-1)(p-2)\mu_3^2$$
$$+p(p-1)(14p-32)\mu_4+(6p^2-7p)\mu_4^2+8p(p-1)\mu_6+p\mu_8.$$

因此，当 $n,\ p\to\infty$ 时，

$$\mathrm{Var}\left[\frac{4(p+\mu_4-3)}{n^4 p}(\mathbf{1}^{\mathrm{T}}\mathbf{y}_j)^2(\mathbf{y}_j^{\mathrm{T}}\mathbf{y}_j)\right]\to 0,$$

则当 $n,\ p\to\infty$ 时

$$\mathrm{Var}(R_1)\to 0. \tag{4.12}$$

相似的，对 $j\neq l=1,2,\cdots,n$，

$$\mathrm{Var}\left[\frac{4(p+\mu_4-3)}{n^4 p}(\mathbf{1}^{\mathrm{T}}\mathbf{y}_j\mathbf{y}_j^{\mathrm{T}}\mathbf{y}_l\mathbf{y}_l^{\mathrm{T}}\mathbf{1})\right]=\frac{16\,(p+\mu_4-3)^2}{n^8 p^2}f_2(p),$$

其中，$f_2(p)=p\,(p+\mu_4-3)^2+4p(p+\mu_4-3)+3p^2$. 因为，当 $n,\ p\to\infty$ 时，

$$\mathrm{Var}\left[\frac{4(p+\mu_4-3)}{n^4 p}(\mathbf{1}^{\mathrm{T}}\mathbf{y}_j\mathbf{y}_j^{\mathrm{T}}\mathbf{y}_l\mathbf{y}_l^{\mathrm{T}}\mathbf{1})\right]\to 0.$$

因此，当 $n,\ p\to\infty$ 时，

$$\mathrm{Var}(R_2)\to 0. \tag{4.13}$$

同理可得，对每个 $1\leqslant j\neq l\leqslant n$，当 $n,\ p\to\infty$ 时，有

$$\mathrm{Var}\left[\frac{4}{n^4 p}(\mathbf{1}^{\mathrm{T}}\mathbf{y}_j)^4\right]\leqslant\frac{16[p^8\mu_8-3p^2-p(\mu_4-3)]}{n^8 p^2}\to 0,$$

及

$$\mathrm{Var}\left[\frac{4}{n^4 p}(\mathbf{1}^{\mathrm{T}}\mathbf{y}_j)^2(\mathbf{1}^{\mathrm{T}}\mathbf{y}_l)^2\right]=\frac{16[8p^2+6p(\mu_4-3)+(\mu_4-3)^2]}{n^8}\to 0.$$

因此，当 $n,\ p\to\infty$ 时，

$$\mathrm{Var}(R_3)\to 0. \tag{4.14}$$

也有，

$$\mathrm{Var}\left[\frac{8(2p+\mu_4-3)}{n^4p}(\mathbf{1}^{\mathrm{T}}\mathbf{y}_j)^2\right]=\frac{64\,(2p+\mu_4-3)^2(2p^2+\mu_4p-3p)}{n^8p^2}.$$

显而易见，当 n，$p\to\infty$，有

$$\mathrm{Var}\left[\frac{8(2p+\mu_4-3)}{n^4p}(\mathbf{1}^{\mathrm{T}}\mathbf{y}_j)^2\right]\to 0.$$

因此，当 n，$p\to\infty$ 时，

$$\mathrm{Var}(R_4)\to 0. \tag{4.15}$$

综合上面推导得到的(4.12)～(4.15)，我们可以得到

$$\mathrm{Var}(\sum_{k=1}^{n}\sigma_k^2)=\sum_{k=1}^{n}E(Z_k^2\mid\mathfrak{J}_{k-1})\to 0. \tag{4.16}$$

再一次的应用切比雪夫不等式，我们证明得到

$$\sum_{k=1}^{\infty}\sigma_k^2\xrightarrow{P}2y^2+8y.$$

第三步　我们将验证对序列 $\{Z_k,\ 1\leqslant k\leqslant n\}$ 林德伯格条件(Lindeberg condition)成立，也即对每个 $\varepsilon>0$，当 $n\to\infty$ 时，有

$$L\equiv\sum_{k=1}^{n}E[Z_k^2I_{(\mid Z_k\mid>\varepsilon)}\mid\mathfrak{J}_{k-1}]\xrightarrow{\mathrm{P}}0,$$

对任意的 $\xi>0$，利用切比雪夫不等式和柯西-施瓦茨不等式(Cauchy-Schwarz inequality)，我们得到

$$\begin{aligned}P(L>\xi)&\leqslant\frac{E(L^2)}{\xi^2}=\frac{\mathrm{Var}(L)+E^2(L)}{\xi^2}\\&\leqslant\frac{\mathrm{Var}[\sum_{k=1}^{n}E(Z_k^2\mid\mathfrak{J}_{k-1})]+\left[\sum_{k=1}^{n}E(Z_k^2I_{(\mid Z_k\mid>\varepsilon)})\right]^2}{\xi^2}\\&\leqslant\frac{\mathrm{Var}[\sum_{k=1}^{n}E(Z_k^2\mid\mathfrak{J}_{k-1})]+[\sum_{k=1}^{n}E^{\frac{1}{2}}(Z_k^4)\,(P(Z_k^2>\varepsilon^2))^{\frac{1}{2}}]^2}{\xi^2}\\&\leqslant\frac{\varepsilon^4\mathrm{Var}[\sum_{k=1}^{n}E(Z_k^2\mid\mathfrak{J}_{k-1})]+[\sum_{k=1}^{n}E^{\frac{1}{2}}(Z_k^4)E^{\frac{1}{2}}(Z_k^4)]^2}{\varepsilon^4\xi^2}\\&=\frac{\varepsilon^4\mathrm{Var}[\sum_{k=1}^{n}E(Z_k^2\mid\mathfrak{J}_{k-1})]+[\sum_{k=1}^{n}E(Z_k^4)]^2}{\varepsilon^4\xi^2}.\end{aligned}$$

我们欲证明 $P(L>\xi)\to 0$. 回想结果(4.16)，所以我们仅仅需要证明当 $n\to\infty$ 时，

$$\sum_{k=1}^{n}E(Z_k^4)\to 0.$$

经过了冗长的计算推导(见附录)，我们获得，当 n，$p\to\infty$ 及 $p/n\to y\in(0,\infty)$ 时，

$$\sum_{k=1}^{n}E(Z_k^4)\to 0. \tag{4.17}$$

第四步　结合上面的结论以及应用鞅差中心极限定理，我们证明得到

$$\sum_{k=1}^{n}Z_k=\frac{2}{n^2\sqrt{p}}\sum_{k=1}^{n}(E_k-E_{k-1})\Big[\sum_{n\geqslant i>j\geqslant 1}(\mathbf{1}^{\mathrm{T}}\boldsymbol{y}_i\boldsymbol{y}_i^{\mathrm{T}}\boldsymbol{y}_j\boldsymbol{y}_j^{\mathrm{T}}\mathbf{1})\Big]\xrightarrow{D}N(0,\ 2y^2+8y),$$

等价于

$$T_{2N}\xrightarrow{D}N(0,\ 2y^2+8y). \tag{4.18}$$

4.3.3　向量 $(T_{1N},\ T_{2N},\ T_{3N})^{\mathrm{T}}$ 的协方差矩阵

显而易见，$E(T_{1N})=E(T_{2N})=0$. 此外，因为 $\mathbf{1}^{\mathrm{T}}\boldsymbol{y}_i=\sum_{j=1}^{p}y_{ij}$，则我们得到 $E(T_{3N})=0$. 因此，$\operatorname{cov}(T_{kN},\ T_{lN})=E(T_{kN}T_{lN})$，$1\leqslant k<l\leqslant 3$. 下面我们分别的推导 $\operatorname{cov}(T_{kN},\ T_{lN})$.

(i) 求 $\operatorname{cov}(T_{1N},\ T_{2N})$. 对于所有的 $i=1,2,\cdots,n$，根据式(4.9)，有

$$E\{(\mathbf{1}^{\mathrm{T}}\boldsymbol{y}_i)^2(\boldsymbol{y}_i^{\mathrm{T}}\boldsymbol{y}_i)\}=p(p-1+\mu_4).$$

通过计算我们得到

$$E(T_{1N}T_{2N})=\frac{2}{n^4p}E\Big\{\Big[\sum_{i=1}^{n}(\mathbf{1}^{\mathrm{T}}\boldsymbol{y}_i)^2(\boldsymbol{y}_i^{\mathrm{T}}\boldsymbol{y}_i)-np(p-1+\mu_4)\Big]\Big[\sum_{k=1}^{n}(n-k)$$

$$[(\mathbf{1}^{\mathrm{T}}\boldsymbol{y}_k)^2-p]+\sum_{k=1}^{n}\sum_{j=1}^{k-1}(\mathbf{1}^{\mathrm{T}}\boldsymbol{y}_j\boldsymbol{y}_j^{\mathrm{T}}\boldsymbol{y}_k\boldsymbol{y}_k^{\mathrm{T}}\mathbf{1})-\sum_{k=1}^{n}\sum_{j=1}^{k-1}(\mathbf{1}^{\mathrm{T}}\boldsymbol{y}_j)^2\Big]\Big\}$$

$$=\frac{2}{n^4p}[n(n-1)(\mathbf{1}^{\mathrm{T}}\boldsymbol{\Xi}\mathbf{1})-n(n-1)p^2(p-1+\mu_4)],$$

其中，矩阵 $\boldsymbol{\Xi}=E(\boldsymbol{y}_k\boldsymbol{y}_k^{\mathrm{T}}\boldsymbol{y}_k\boldsymbol{y}_k^{\mathrm{T}}\mathbf{1}\mathbf{1}^{\mathrm{T}}\boldsymbol{y}_k\boldsymbol{y}_k^{\mathrm{T}})$ 为

$$\boldsymbol{\Xi}=\begin{pmatrix} a_{11} & a_{12} & \cdots & a_{12} \\ a_{12} & a_{11} & \cdots & a_{12} \\ \vdots & \vdots & & \vdots \\ a_{12} & a_{12} & \cdots & a_{11} \end{pmatrix}, \tag{4.19}$$

其中，$a_{11}=(p-1)(p-2)+(p-1)(3\mu_4+2\mu_3^2)+\mu_6$，$a_{12}=2(p-2)+4\mu_4+2\mu_3^2$. 则当 n，$p\to\infty$ 时，得到

$$\operatorname{cov}(T_{1N},\ T_{2N})\to 4y^2.$$

(4.19)的推导过程见附录部分.

(ii) 求 $\operatorname{cov}(T_{1N},\ T_{3N})$. 通过计算我们得到

$$\begin{aligned} & E(T_{1N}T_{3N}) \\ & =\frac{1}{n^3}E\{[\sum_{i=1}^{n}(1^T\mathrm{y}_i)^2(\mathrm{y}_i^T\mathrm{y}_i)-np(p-1+\mu_4)]\left[\sum_{i=1}^{n}\left(\left(\frac{\mathbf{1}^{\mathrm{T}}\boldsymbol{y}_i}{\sqrt{p}}\right)^2-1\right)\right]\} \\ & =\frac{1}{n^3}[n(\mathbf{1}^{\mathrm{T}}\boldsymbol{\Xi}\mathbf{1})+n(n-1)p(p-1+\mu_4)-n^2p(p-1+\mu_4)], \end{aligned}$$

其中，Ξ 如(4.19)定义. 则当 n，$p\to\infty$ 时，有

$$\operatorname{cov}(T_{1N},\ T_{3N})\to 2y^2.$$

(iii) 求 $\operatorname{cov}(T_{2N},\ T_{3N})$. 通过计算我们得到

$$\begin{aligned} E(T_{2N}T_{3N})=\frac{2}{n^3}E\{[&\sum_{k=1}^{n}(n-k)(\mathbf{1}^{\mathrm{T}}\boldsymbol{y}_k)^2-p)+\sum_{k=1}^{n}\sum_{j=1}^{k-1}(\mathbf{1}^{\mathrm{T}}\boldsymbol{y}_j\boldsymbol{y}_j^{\mathrm{T}}\boldsymbol{y}_k\boldsymbol{y}_k^{\mathrm{T}}\mathbf{1}) \\ &-\sum_{k=1}^{n}\sum_{j=1}^{k-1}(\mathbf{1}^{\mathrm{T}}\boldsymbol{y}_j\boldsymbol{y}_j^{\mathrm{T}}\mathbf{1})]\left[\sum_{i=1}^{n}\left(\frac{(\mathbf{1}^{\mathrm{T}}\boldsymbol{y}_i)^2}{p}-1\right)\right]\} \\ =\frac{2}{n^3}[&n(n-1)(3p+\mu_4-4)-n(n-1)(p-1)]. \end{aligned}$$

则当 n，$p\to\infty$ 时有

$$\operatorname{cov}(T_{2N},\ T_{3N})\to 4y.$$

另一方面，由前面的(4.10)(4.11)(4.18)，即我们已经证明了当 n，$p\to\infty$ 时，

$$T_{1N}\xrightarrow{D}N(0,\ 2y^3),\ T_{2N}\xrightarrow{D}N(0,\ 2y^2+8y),\ T_{3N}\xrightarrow{D}N(0,\ 2y).$$

因此得到当 n，$p\to\infty$ 时，随机向量 $(T_{1N},\ T_{2N},\ T_{3N})^{\mathrm{T}}$ 的协方差矩阵是

$$\boldsymbol{\Phi}=\begin{pmatrix}2y^3 & 4y^2 & 2y^2\\ 4y^2 & 2y^2+8y & 4y\\ 2y^2 & 4y & 2y\end{pmatrix}. \tag{4.20}$$

4.3.4　定理 4.1.1 的证明

由式(4.4)，在 H_{07} 成立下，可得到如下的关系

$$\mathrm{tr}\boldsymbol{S}_{\boldsymbol{\mu}}=\sigma^2(1-\rho)\mathrm{tr}\boldsymbol{F}+\sigma^2\rho(\mathbf{1}^{\mathrm{T}}\boldsymbol{F}\mathbf{1}), \tag{4.21}$$

$$\frac{\mathbf{1}'\boldsymbol{S}_{\boldsymbol{\mu}}\mathbf{1}}{p}=\sigma^2[1+(p-1)\rho]\frac{\mathbf{1}^{\mathrm{T}}\boldsymbol{F}\mathbf{1}}{p}, \tag{4.22}$$

$$\mathrm{tr}\boldsymbol{S}_{\boldsymbol{\mu}}^2=\sigma^4(1-\rho)^2\mathrm{tr}(\boldsymbol{F}^2)+2\sigma^4\rho(1-\rho)\mathbf{1}^{\mathrm{T}}\boldsymbol{F}^2\mathbf{1}+\sigma^4\rho^2(\mathbf{1}^{\mathrm{T}}\boldsymbol{F}\mathbf{1})^2, \tag{4.23}$$

$$\left(\frac{\mathbf{1}^{\mathrm{T}}\boldsymbol{S}_{\boldsymbol{\mu}}\mathbf{1}}{p}\right)^2=\sigma^4[1+(p-1)\rho]^2\left(\frac{\mathbf{1}^{\mathrm{T}}\boldsymbol{F}\mathbf{1}}{p}\right)^2. \tag{4.24}$$

将式(4.21)～(4.24)代入到式(4.2)中，我们得到

$$\begin{aligned}T_{LZ}&=\mathrm{tr}(\hat{\boldsymbol{\Sigma}}-\boldsymbol{S})^2\\&=\sigma^4(1-\rho)^2\mathrm{tr}(\boldsymbol{F}^2)+2p\sigma^4\rho(1-\rho)\left[\frac{\mathbf{1}^{\mathrm{T}}\boldsymbol{F}^2\mathbf{1}}{p}-\left(\frac{\mathbf{1}^{\mathrm{T}}\boldsymbol{F}\mathbf{1}}{p}\right)^2\right]\\&\quad-\frac{\sigma^4(1-\rho)^2}{p-1}\left[\mathrm{tr}\boldsymbol{F}-\frac{\mathbf{1}^{\mathrm{T}}\boldsymbol{F}\mathbf{1}}{p}\right]^2-\sigma^4(1-\rho)^2\left(\frac{\mathbf{1}^{\mathrm{T}}\boldsymbol{F}\mathbf{1}}{p}\right)^2.\end{aligned} \tag{4.25}$$

由引理 4.3.2，我们得到

$$\frac{\sigma^4(1-\rho)^2}{\sqrt{p}}\left(\frac{\mathbf{1}^{\mathrm{T}}\boldsymbol{F}\mathbf{1}}{p}\right)^2\xrightarrow{P}0. \tag{4.26}$$

$$\frac{1}{(p-1)\sqrt{p}}\left[\mathrm{tr}\boldsymbol{F}-\frac{\mathbf{1}^{\mathrm{T}}\boldsymbol{F}\mathbf{1}}{p}\right]^2=\sqrt{p}+o_p(1). \tag{4.27}$$

将式(4.26)～(4.27)代入到式(4.25)，并再次应用引理 4.3.1，我们推导得到

$$\begin{aligned}&\frac{T_{LZ}}{\sqrt{p}}-\sqrt{p}\sigma^4(1-\rho)^2y\\&=2\sigma^4\rho(1-\rho)\sqrt{p}\left[\frac{\mathbf{1}^{\mathrm{T}}\boldsymbol{F}^2\mathbf{1}}{p}-\left(\frac{\mathbf{1}^{\mathrm{T}}\boldsymbol{F}\mathbf{1}}{p}\right)^2\right]+o_p(1).\end{aligned} \tag{4.28}$$

因为

$$\mathbf{1}^{\mathrm{T}}\boldsymbol{F}\mathbf{1}=\frac{1}{n}\sum_{i=1}^{n}(\mathbf{1}^{\mathrm{T}}\boldsymbol{y}_i)^2, \tag{4.29}$$

$$\mathbf{1}^{\mathrm{T}}\boldsymbol{F}^{2}\mathbf{1}=\frac{1}{n^{2}}\left[\sum_{i=1}^{n}(\mathbf{1}^{\mathrm{T}}\boldsymbol{y}_{i})^{2}(\boldsymbol{y}_{i}^{\mathrm{T}}\boldsymbol{y}_{i})+2\sum_{i>j}\mathbf{1}^{\mathrm{T}}\boldsymbol{y}_{i}\boldsymbol{y}_{i}^{\mathrm{T}}\boldsymbol{y}_{j}\boldsymbol{y}_{j}^{\mathrm{T}}\mathbf{1}\right]. \tag{4.30}$$

则

$$E\left(\frac{\mathbf{1}^{\mathrm{T}}\boldsymbol{F}\mathbf{1}}{p}\right)=1,$$

及当 n，$p\to\infty$ 时

$$E\left(\frac{\mathbf{1}^{\mathrm{T}}\boldsymbol{F}^{2}\mathbf{1}}{p}\right)=1+\frac{p}{n}+\frac{\mu_{4}-2}{n}\to 1+y. \tag{4.31}$$

依据式(4.21)和(4.22)，在式(4.1)中假如用 $\boldsymbol{S}_{\boldsymbol{\mu}}$ 替换 $\boldsymbol{S}$，则

$$\hat{\sigma}^{2}=\sigma^{2}(1-\rho)\frac{\mathrm{tr}\boldsymbol{F}}{p}+\sigma^{2}\rho\frac{\mathbf{1}^{\mathrm{T}}\boldsymbol{F}\mathbf{1}}{p},$$

$$\hat{\rho}-\rho=\frac{\sigma^{2}(1-\rho)[1+(p-1)\rho]\left(\dfrac{\mathbf{1}^{\mathrm{T}}\boldsymbol{F}\mathbf{1}}{p}-\dfrac{\mathrm{tr}\boldsymbol{F}}{p}\right)}{(p-1)\left(\dfrac{\mathrm{tr}\boldsymbol{S}}{p}\right)},$$

由此我们可以推导得到

$$\frac{2\sigma^{4}\rho(1-\rho)}{2\hat{\sigma}^{4}\hat{\rho}(1-\hat{\rho})}=\frac{\rho}{\dfrac{1}{(p-1)^{2}}\left\{[1+(p-2)\rho]\dfrac{\mathbf{1}^{\mathrm{T}}\boldsymbol{F}\mathbf{1}}{p}-(1-\rho)\dfrac{\mathrm{tr}\boldsymbol{F}}{p}\right\}\left[\mathrm{tr}\boldsymbol{F}-\dfrac{\mathbf{1}^{\mathrm{T}}\boldsymbol{F}\mathbf{1}}{p}\right]}$$

$$=\frac{\rho}{\dfrac{p^{2}}{(p-1)^{2}}\left\{\left[\dfrac{1}{p}+\dfrac{(p-2)\rho}{p}\right]\dfrac{\mathbf{1}^{\mathrm{T}}\boldsymbol{F}\mathbf{1}}{p}-\dfrac{(1-\rho)}{p}\cdot\dfrac{\mathrm{tr}\boldsymbol{F}}{p}\right\}\left[\dfrac{\mathrm{tr}\boldsymbol{F}}{p}-\dfrac{1}{p}\cdot\dfrac{\mathbf{1}^{\mathrm{T}}\boldsymbol{F}\mathbf{1}}{p}\right]}.$$

则由引理 4.3.1，当 n，$p\to\infty$ 时，

$$\frac{2\sigma^{4}\rho(1-\rho)}{2\hat{\sigma}^{4}\hat{\rho}(1-\hat{\rho})}=\left(\frac{\mathbf{1}^{\mathrm{T}}\boldsymbol{F}\mathbf{1}}{p}\right)^{-1}+o_{p}(1). \tag{4.32}$$

结合式(4.28)(4.31)和(4.32)，有

$$\frac{\dfrac{T_{LZ}}{\sqrt{p}}-\sqrt{p}\sigma^{4}(1-\rho)^{2}y}{2\hat{\sigma}^{4}\hat{\rho}(1-\hat{\rho})}=\frac{\sqrt{p}\left[\dfrac{\mathbf{1}^{\mathrm{T}}\boldsymbol{F}^{2}\mathbf{1}}{p}-\left(\dfrac{\mathbf{1}^{\mathrm{T}}\boldsymbol{F}\mathbf{1}}{p}\right)^{2}\right]}{\dfrac{\mathbf{1}^{\mathrm{T}}\boldsymbol{F}\mathbf{1}}{p}}+o_{p}(1).$$

另一方面，由引理 4.3.1，我们有

$$\sqrt{p}\,(\hat{\rho}-\rho)=\rho(1-\rho)\cdot\sqrt{p}\left(\frac{\mathbf{1}^{\mathrm{T}}\boldsymbol{F}\mathbf{1}}{p}-1\right)+o_p(1),$$

$$\sqrt{p}\,(\hat{\sigma}^2-\sigma^2)=\sqrt{p}\left\{\sigma^2(1-\rho)\frac{\mathrm{tr}\boldsymbol{F}}{p}+\sigma^2\rho\cdot\frac{\mathbf{1}^{\mathrm{T}}\boldsymbol{F}\mathbf{1}}{p}-\sigma^2\right\}$$

$$=\sigma^2\rho\cdot\sqrt{p}\left(\frac{\mathbf{1}^{\mathrm{T}}\boldsymbol{F}\mathbf{1}}{p}-1\right)+o_p(1).$$

因此

$$\frac{\dfrac{T_{LZ}}{\sqrt{p}}-\sqrt{p}\hat{\sigma}^4\,(1-\hat{\rho})^2y}{2\hat{\sigma}^4\hat{\rho}(1-\hat{\rho})}$$

$$=\frac{\dfrac{T_{LZ}}{\sqrt{p}}-\sqrt{p}\sigma^4\,(1-\rho)^2y}{2\hat{\sigma}^4\hat{\rho}(1-\hat{\rho})}-\sqrt{p}\,y\cdot\frac{\hat{\sigma}^4\,(1-\hat{\rho})^2-\sigma^4\,(1-\rho)^2}{2\hat{\sigma}^4\hat{\rho}(1-\hat{\rho})}$$

$$=\frac{\dfrac{T_{LZ}}{\sqrt{p}}-\sqrt{p}\sigma^4\,(1-\rho)^2y}{2\hat{\sigma}^4\hat{\rho}(1-\hat{\rho})}-\sqrt{p}\,y\cdot\frac{\hat{\sigma}^2(1-\hat{\rho})-\sigma^2(1-\rho)}{\hat{\sigma}^2\hat{\rho}}+o_p(1)$$

$$=\frac{\dfrac{T_{LZ}}{\sqrt{p}}-\sqrt{p}\sigma^4\,(1-\rho)^2y}{2\hat{\sigma}^4\hat{\rho}(1-\hat{\rho})}-\sqrt{p}\,y\cdot\frac{(\hat{\sigma}^2-\sigma^2)(1-\rho)-\hat{\sigma}^2(\hat{\rho}-\rho)}{\hat{\sigma}^2\hat{\rho}}+o_p(1)$$

$$=\frac{\dfrac{T_{LZ}}{\sqrt{p}}-\sqrt{p}\sigma^4\,(1-\rho)^2y}{2\hat{\sigma}^4\hat{\rho}(1-\hat{\rho})}+o_p(1),$$

由此得到

$$\frac{\dfrac{T_{LZ}}{\sqrt{p}}-\sqrt{p}\hat{\sigma}^4\,(1-\hat{\rho})^2y}{2\hat{\sigma}^4\hat{\rho}(1-\hat{\rho})}=\frac{\sqrt{p}\left[\dfrac{\mathbf{1}^{\mathrm{T}}\boldsymbol{F}^2\mathbf{1}}{p}-\left(\dfrac{\mathbf{1}^{\mathrm{T}}\boldsymbol{F}\mathbf{1}}{p}\right)^2\right]}{\dfrac{\mathbf{1}'\boldsymbol{F}\mathbf{1}}{p}}+o_p(1).$$

为了推导上式右侧的渐近分布，我们将运用 delta 方法 .

定义

$$\widetilde{\boldsymbol{T}}_N=(\widetilde{T}_{1N},\ \widetilde{T}_{2N},\ \widetilde{T}_{3N})^{\mathrm{T}},$$

其中，

$$\widetilde{T}_{1N}=\frac{1}{n^{\frac{5}{2}}\sqrt{p}}\sum_{i=1}^{n}[(\mathbf{1}^{\mathrm{T}}\boldsymbol{y}_i)^2(\boldsymbol{y}_i^{\mathrm{T}}\boldsymbol{y}_i)-E\{(\mathbf{1}^{\mathrm{T}}\boldsymbol{y}_i)^2(\boldsymbol{y}_i^{\mathrm{T}}\boldsymbol{y}_i)\}], \tag{4.33}$$

$$\widetilde{T}_{2N}=\frac{2}{n^{\frac{5}{2}}\sqrt{p}}[\sum_{i>j}(\mathbf{1}^{\mathrm{T}}\boldsymbol{y}_i\boldsymbol{y}_i^{\mathrm{T}}\boldsymbol{y}_j\boldsymbol{y}_j^{\mathrm{T}}\mathbf{1})-E\sum_{i>j}(\mathbf{1}^{\mathrm{T}}\boldsymbol{y}_i\boldsymbol{y}_i^{\mathrm{T}}\boldsymbol{y}_j\boldsymbol{y}_j^{\mathrm{T}}\mathbf{1})], \tag{4.34}$$

$$\widetilde{T}_{3N}=\frac{\sqrt{p}}{n^{\frac{3}{2}}}\sum_{i=1}^{n}\left[\left(\frac{\mathbf{1}^{\mathrm{T}}\boldsymbol{y}_i}{\sqrt{p}}\right)^2-1\right]. \tag{4.35}$$

则式(4.29)和(4.30)可以改用 $\widetilde{T}_{1N}$，$\widetilde{T}_{2N}$，$\widetilde{T}_{3N}$ 表示为

$$\frac{\mathbf{1}^{\mathrm{T}}\boldsymbol{F}\mathbf{1}}{p}=1+\sqrt{\frac{n}{p}}\widetilde{T}_{3N},$$

$$\left(\frac{\mathbf{1}^{\mathrm{T}}\boldsymbol{F}\mathbf{1}}{p}\right)^2=1+2\sqrt{\frac{n}{p}}\widetilde{T}_{3N}+\frac{n}{p}\widetilde{T}_{3N}^2,$$

$$\frac{\mathbf{1}^{\mathrm{T}}\boldsymbol{F}^2\mathbf{1}}{p}-E\left(\frac{\mathbf{1}^{\mathrm{T}}\boldsymbol{F}^2\mathbf{1}}{p}\right)=\sqrt{\frac{n}{p}}\widetilde{T}_{1N}+\sqrt{\frac{n}{p}}\widetilde{T}_{2N}.$$

因此，

$$\frac{\dfrac{T_{LZ}}{\sqrt{p}}-\sqrt{p}\hat{\sigma}^4(1-\hat{\rho})^2y}{2\hat{\sigma}^4\hat{\rho}(1-\hat{\rho})}$$

$$=\frac{\sqrt{n}(\widetilde{T}_{1N}+\widetilde{T}_{2N}-\widetilde{T}_{3N}^2/\sqrt{y}-2\widetilde{T}_{3N}+y^{3/2})}{1+\widetilde{T}_{3N}/\sqrt{y}}+o_p(1).$$

接下来，我们证明$(T_{1N}，T_{2N}，T_{3N})^{\mathrm{T}}$ 的渐近联合分布是多元正态分布. 注意到$\sqrt{n}(\widetilde{T}_{1N}，\widetilde{T}_{2N}，\widetilde{T}_{3N})^{\mathrm{T}}=(T_{1N}，T_{2N}，T_{3N})^{\mathrm{T}}$.

对任意的$(a，b，c)^{\mathrm{T}}\in\mathbf{R}^3$，

$$\mathrm{a}\mathrm{T}_{1\mathrm{N}}+\frac{\mathrm{b}}{2}\mathrm{T}_{2\mathrm{N}}+\mathrm{c}\mathrm{T}_{3\mathrm{N}}=\sum_{\mathrm{k}=1}^{\mathrm{n}}(\mathrm{E}_{\mathrm{k}}-\mathrm{E}_{\mathrm{k}-1})\left[\frac{\mathrm{a}}{\mathrm{n}^2\sqrt{\mathrm{p}}}(\mathbf{1}^{T}\boldsymbol{y}_k)^2(\boldsymbol{y}_k^{\mathrm{T}}\boldsymbol{y}_k)\right.$$

$$\left.+\frac{b}{n^2\sqrt{p}}\sum_{i>j}(\mathbf{1}^{\mathrm{T}}\boldsymbol{y}_i\boldsymbol{y}_i^{\mathrm{T}}\boldsymbol{y}_j\boldsymbol{y}_j^{\mathrm{T}}1)+\frac{c}{n\sqrt{p}}(\mathbf{1}^{\mathrm{T}}\boldsymbol{y}_k)^2\right].$$

同推导 $T_{2N}=\sum_{k=1}^{N}Z_k$ 的渐近分布的方法，我们可以推得 $aT_{1N}+\frac{b}{2}T_{2N}+cT_{3N}$ 的渐近分布是一个正态分布，具体推导过程见附录部分. 因此我们证明得到当 $n，p\rightarrow\infty$，

$$\sqrt{n}\ (\widetilde{T}_{1N},\ \widetilde{T}_{2N},\ \widetilde{T}_{3N})^{\mathrm{T}} = (T_{1N},\ T_{2N},\ T_{3N})^{\mathrm{T}} \xrightarrow{D} N(0,\ \boldsymbol{\Phi}).$$

其中，$\boldsymbol{\Phi}$ 见式(4.20).

定义一个函数

$$g(x_1,\ x_2,\ x_3) = \frac{x_1 + x_2 - x_3^2/\sqrt{y} - 2x_3 + y^{3/2}}{1 + x_3/\sqrt{y}},$$

其梯度为 $\nabla g(0,\ 0,\ 0) = (1,\ 1,\ -2-y)^{\mathrm{T}}$. 则利用 delta 方法，我们得到

$$\sqrt{n}\left(\frac{\widetilde{T}_{1N} + \widetilde{T}_{2N} - \widetilde{T}_{3N}^2/\sqrt{y} - 2\widetilde{T}_{3N} + y^{3/2}}{1 + \widetilde{T}_{3N}/\sqrt{y}} - y^{3/2}\right) \xrightarrow{D} N(0,\ 2y^2),$$

等价地有

$$\frac{\dfrac{T_{LZ}}{\sqrt{p}} - \sqrt{p}\hat{\sigma}^4\ (1-\hat{\rho})^2 y}{2\hat{\sigma}^4\hat{\rho}(1-\hat{\rho})} - \sqrt{n}y^{3/2} \xrightarrow{D} N(0,\ 2y^2).$$

证毕.

4.4 小结

众所周知，组内等相关模型在分析多元数据时起到很重要的作用. 本章中我们已经介绍了几个关于正态数据的组内等相关型协方差矩阵的检验，然而我们发现对非正态数据的相关检验的研究很少，为了弥补这个不足，我们提出了一个新的检验，并且基于鞅差中心极限定理，通过复杂冗长的计算推导得到了渐近性质. 虽然推导复杂，但是我们得到的检验统计量形式很简单，检验程序易于操作，进而容易应用. 通过模拟实验，我们显示了在检验总体协方差矩阵是否具有组内相关结构方面时，特别是对具有较高组内等相关系数的高维数据，我们提出的检验方法表现得很好.

总结和讨论

本书主要关注的是关于高维数据的均值向量和协方差矩阵的检验问题.

首先，本书关注的是高维总体均值向量和协方差矩阵的同时检验. 我们介绍了单个总体均值向量和协方差矩阵的同时检验的应用及研究发展现状，两个总体的均值向量和协方差矩阵的同时检验的应用及研究发展现状. 本书主要研究的是单个总体均值向量和协方差矩阵的同时检验，我们提出一个新的检验统计量，即 $T_n=\bar{\boldsymbol{x}}^{\mathrm{T}}\bar{\boldsymbol{x}}+\operatorname{tr}(\boldsymbol{S}_n-\boldsymbol{I}_p)^2$，这个统计量适用于“大 p 小 n”，对非正态数据也是稳健的. 利用鞅差中心极限定理我们推导得到了这个统计量的渐近原分布，即在假设[A]－[B]成立及原假设 H_{02} 成立时，当 $n\to\infty$ 和 $p\to\infty$ 且 $p/n\to y\in(0,\infty)$，则有

$$\sigma_0^{-1}(T_n-\mu_0)\xrightarrow{D}N(0,1),$$

其中，

$$\mu_0=p^2/n+p(\beta_w+2)/n$$

及

$$\sigma_0^2=4y^3(2+\beta_w)+4y^2.$$

我们给出了渐近理论势函数，也证明得到新的检验统计量是渐近无偏的. 我们还利用模拟实验来评价新的检验方法的功效，模拟结果显示本书提出的检验统计量对正态数据和非正态数据表现得都很好. 具体情况如下，在原假设成立时，无论是对正态总体还是非正态总体，T_n 的经验第一类误差随着 n 和 p 增加而接近真实的第一类误差 $\alpha=0.05$，这就说明我们提出的方法对非

正态是稳健的. 在备择假设成立下，无论是对正态总体还是非正态总体，T_n 的经验势较大，而且，对于 $p>n$，T_n 表现得非常好. 书中也比较了 T_n 的经验势和理论势，可以看出经验势和理论势是很接近的.

其次，本书对两个高维总体的均值向量相等和协方差矩阵相等的同时检验进行了研究. 我们提出了检验统计量，即 $T_L=(\bar{\boldsymbol{x}}-\bar{\boldsymbol{y}})^{\mathrm{T}}(\bar{\boldsymbol{x}}-\bar{\boldsymbol{y}})+\mathrm{tr}[(\boldsymbol{S}_1-\boldsymbol{S}_2)^2]$，得到了 T_L 的渐近原分布，即在一定的假设成立及原假设 H_{03} 成立时，有

$$\sigma_0^{-1}(T_L-\mu_0)\xrightarrow{D}N(0,1),$$

其中，

$$\begin{aligned}\mu_0=&(m^2-m-1)m^{-1}(m-1)^{-2}(\mathrm{tr}(\boldsymbol{S}_x))^2\\&+(m-2)^{-2}\sum_{i=1}^{m}[(\boldsymbol{x}_i-\bar{\boldsymbol{x}})^{\mathrm{T}}(\boldsymbol{x}_i-\bar{\boldsymbol{x}})-\mathrm{tr}(\boldsymbol{S}_x)]^2\\&-m(m+2)^{-2}[\mathrm{tr}(\boldsymbol{S}_x^2)-(m-2)^{-1}(\mathrm{tr}\boldsymbol{S}_x)^2]\\&+(n^2-n-1)n^{-1}(n-1)^{-2}(\mathrm{tr}(\boldsymbol{S}_y))^2\\&+(n-2)^{-2}\sum_{j=1}^{n}[(\boldsymbol{y}_i-\bar{\boldsymbol{y}})^{\mathrm{T}}(\boldsymbol{y}_i-\bar{\boldsymbol{y}})-\mathrm{tr}(\boldsymbol{S}_y)]^2\\&-n(n+2)^{-2}[\mathrm{tr}(\boldsymbol{S}_y^2)-(n-2)^{-1}(\mathrm{tr}\boldsymbol{S}_y)^2],\end{aligned}$$

$$\sigma_0^2=4[(m-1)^{-1}+(n-1)^{-1}]^2\{\mathrm{tr}(\boldsymbol{S}^2)-(m+n-2)^{-1}(\mathrm{tr}\boldsymbol{S})^2\}^2,$$

$$\boldsymbol{S}=(m+n-2)^{-1}[(m-1)\boldsymbol{S}_x+(n-1)\boldsymbol{S}_y].$$

本书给出了渐近理论势函数，并且利用模拟实验来评价新的检验方法的功效，模拟结果显示我们提出的检验对正态数据和非正态数据表现得都很好. 具体情况如下，在原假设成立时，无论是对正态总体还是非正态总体，T_L 的经验第一类误差接近真实的第一类误差，这就说明我们提出的方法对非正态是稳健的. 在备择假设成立下，无论是对正态总体还是非正态总体，T_L 的经验势较大，而且，对于 $p>n$，T_L 表现得非常好. 下一步我们将研究新检验方法的局部势，证明新的检验统计量是渐近无偏的. 以及利用我们的检验方法解决实际问题.

最后，本书关注的是高维总体协方差矩阵的组内等相关性检验. 我们介绍了关于高维总体协方差矩阵结构的检验的应用及研究发展现状. 对高维总

体协方差矩阵的组内等相关结构，书中提出一个新的检验统计量

$$T_{LZ}=\mathrm{tr}(\hat{\Sigma}-\boldsymbol{S})^2,$$

其中，$\hat{\Sigma}=\hat{\sigma}^2[(1-\hat{\rho})\boldsymbol{I}_p+\hat{\rho}\boldsymbol{J}_p]$，$\hat{\sigma}^2=\frac{\mathrm{tr}\boldsymbol{S}}{p}$，$\hat{\rho}=\frac{1}{p-1}\left(\frac{\boldsymbol{1}^{\mathrm{T}}\boldsymbol{S}\boldsymbol{1}}{\mathrm{tr}\boldsymbol{S}}-1\right)$. 利用鞅差中心极限定理和几个著名的不等式，经过冗长烦琐的推导，假设 n，$p\to\infty$，同时 $p/n\to y\in(0,\infty)$. 则在 H_{07} 成立下，我们得到 T_{LZ} 的渐近原分布为

$$\frac{\frac{T_{LZ}}{\sqrt{p}}-\sqrt{p}\hat{\sigma}^4(1-\hat{\rho})^2y}{2\hat{\sigma}^4\hat{\rho}(1-\hat{\rho})}-\sqrt{n}y^{3/2}\xrightarrow{D}N(0,2y^2).$$

本书中我们也证明了这个检验统计量是相合的. 通过模拟实验，我们显示了在检验总体协方差矩阵是否具有组内等相关结构方面时，特别是对具有较高组内相关系数的高维多元数据，我们提出的检验方法表现得很好. 具体情况如下：在原假设下，对标准正态分布 $N(0,1)$，T_{LZ} 的经验第一类误差接近真实第一类误差 $\alpha=0.05$，经验势接近1；对非正态分布，当组内相关系数较大时，T_{LZ} 的经验第一类误差更接近真实第一类误差 $\alpha=0.05$. 这说明我们提出的检验统计量对正态总体和非正态总体都是稳健的.

对于这方面的研究，还有不足之处，可以加以补充. 我们需要在备择假设下求出检验统计量的渐近分布，进而得出检验的渐近势.

参考文献

[1]Anderson T W. An Introduction to Multivariate Statistical Analysis(3rd Edition)[M]. New York: John Wiley & Sons, 2003.

[2]Muirhead, R. J. Aspects of Multivariate Statistical Theory[M]. New York: Wiley, 1982.

[3]Thomas J. Page. Multivariate Statistics: A Vector Space Approach[J]. Journal of Marketing Research, 1984, Vol. 21(2): 236

[4]Donoho D L. High-dimensional data analysis: The curses and blessings of dimensionality. [J]. Components, 2000.

[5]Johnstone I M. On the distribution of the largest eigenvalue in principal components analysis[J]. The Annals of Statistics, 2001, 29: 295-327.

[6] Lam C, Yao Q. Factor modeling for high-dimensional time series: inference for the number of factors[J]. The Annals of Statistics, 2012, 40: 694-726.

[7]Chang J Y, Guo B, Yao Q W. High dimensional stochastic regression with latent factors, endogeneity and nonlinearity [J]. Journal of Econometrics, 2015, 189: 297-312.

[8]Montgomery D C. Introduction to Statistical Quality Control(6th Edition) [M]. New York: John Wiley & Sons, 2009.

[9]Costa, Antonio F B , Machado, Marcela A G. A single chart with supplementary runs rules for monitoring the mean vector and the

covariance matrix of multivariate processes[J]. Computers & Industrial Engineering, 2013, 66: 431-437.

[10]Chen G , Cheng S W, Xie H. Monitoring process mean and variability with one EWMA chart[J]. Journal of Quality Technology, 2001, 33: 223-233.

[11]Marion R, Reynolds Jr. Multivariate control charts for monitoring the mean vector and covariance matrix[J]. Journal of Quality Technology, 2007, 52: 365-370.

[12]Chou C Y, Chen C H , Liu H R, et al. Economic-statistical design of multivariate control charts for monitoring the mean vector and covariance matrix[J]. Journal of Loss Prevention in the Process Industries, 2003, 16: 9-18.

[13]Hawkins D M, Zamba K. Statistical process control for shifts in mean or variance using a changepoint formulation[J]. Technometrics, 2005, 47: 164-173.

[14]Li Z, Zhang J, Wang Z. Self-starting control chart for simultaneously monitoring process mean and variance [J]. International Journal of Production Research, 2010, 48: 4537-4553.

[15]Zhou Q, Luo Y, Wang Z. A control chart based on likelihood ratio test for detecting patterned mean and variance shifts[J]. Comput. Statist. Data Anal, 2010, 54: 1634-1645.

[16]Wang K B, Yeh A B, Li B. Simulataneous monitoring of process mean vector and Covariance matrix via penalized likelihood estimation[J]. Computational statistics and data analysis, 2014, 78: 206-217.

[17]Sugiura N. Asymptotic expansions of the distributions of the likelihood ratio criteria for covariance matrix[J]. Annals of Mathematical Statistics, 1969, 40: 2051-2063.

[18] Sugiura N, Fujikoshi Y. Asymptotic expansions of the non-null distributions of the likelihood ratio criteria for multivariate linear

hypothesis and independence[J]. Annals of Mathematical Statistics, 1969, 40: 942-952.

[19]Yanagihara H, Tonda T, Matsumoto C. The effects of nonnormality on asymptot-ic distributions of some likelihood ratio criteria for testing covariance structures under normal assumption [J]. Journal of Multivariate Analysis, 2005, 96: 237-264.

[20]Yuan K H, Hayashi K, Bentler P M. Normal theory likelihood ratio statistic for mean and covariance structure analysis under alternative hypotheses[J]. Journal of Multivariate Analysis, 2007, 98: 1262-1282.

[21]Jiang T F, Yang F. Central limit theorems for classical likelihood ratio tests for high-dimensional normal distributions [J]. The Annals of Statistics, 2013, 41(4): 2029-2074.

[22]Jiang T F, Qi Y C. Likelihood ratio tests for high-dimensional normal distributions [J]. Scandinavian Journal of Statistics, 2015, 42: 988-1009.

[23] Jiang D , Jiang T, Yang F. Likelihood ratio tests for covariance matrices of high dimensional normal distributions [J]. Journal of Statistical Planning and Inference, 2012, 142: 2241-2256.

[24] ChaipitakS, Chongcharoen S. A test for testing the equality of two covariance matrices for high-dimensional data[J]. Journal of Applied Sciences, 2013, 13(2): 270-277.

[25]Francesca G, Antonio P. Closed Likelihood Ratio Testing Procedures to Assess Similarity of Covariance Matrices[J]. The American Statistician, 2013, 67(3): 117-128.

[26]Jiang G Y, Some Asymptotic Tests for the Equality of the Covariance Matrices of Two Dependent Bivariate Normals[J]. Biometrical Journal, 1998, 40(2): 205-225.

[27]Li W M, Qin Y L. Hypothesis testing for high-dimensional covariance matrices[J]. Journal of Multivariate Analysis, 2014, 128: 108-119.

[28]Liu B S, Xu L, Zheng S R , et al. A new test for the proportionality of two large-dimensional covariance matrices[J]. Journal of Multivariate Analysis, 2014, 131: 293-308.

[29]Srivastava M S., Yanagihara Hirokazu and Kubokawa Tatsuya. Tests for covariance matrices in high dimension with less sample size[J]. Journal of Multivariate Analysis, 2014, 130: 289-309.

[30]Wu Y Y, Massam H, Wong A. An accurate test for the equality of covariance matrices from decomposable graphical Gaussian models[J]. The Canadian Journal of Statistics, 2014, 42(1): 61-77.

[31] Wilks S S. Certain generalizations in the analysis of variance[J]. Biometrika, 1932, 24: 471-494.

[32]Perlman M D. Unbiasedness of the likelihood ratio tests for equality of several covariance matrices and equality of several multivariate normal populations[J]. Annals of Statistics, 1980, 8: 247-263.

[33]Hosoya M, Seo T. Simultaneous testing of the mean vector and the covariance matrix with two-step monotone missing data [J]. SUT Journal of Mathematics, 2015, 51: 83-98.

[34]Chen S X, Qin Y L. A two sample test for high dimensional data with application to gene-set testing[J]. The Annals of Statistics, 2010, 38: 808-835.

[35]Li J, Chen S X. Two Sample Tests for High Dimensional Covariance Matrices[J]. The Annals of Statistics, 2012, 40: 908-940.

[36]Hao J, Krishnamoorthy K. Inferences on a normal covariance matrix and generalized variance with monotone missing data [J]. Journal of Multivariate Analysis, 2001, 78: 62-82.

[37]Tsukada S. Equivalence testing of mean vector and covariance matrix for multi-populations under a two-step monotone incomplete sample[J]. Journal of Multivariate Analysis, 2014, 132: 183-196.

[38]Chang W Y, Richards D St P. Finite-sample inference with monotone

incomplete multivariate normal data, I [J]. Journal of Multivariate Analysis, 2009, 100: 1883-1899.

[39]Chang W Y, Richards D St P. Finite-sample inference with monotone incomplete multivariate normal data, II [J]. Journal of Multivariate Analysis, 2010, 101: 603-620.

[40]Hyodo M, Nishiyama T . A simultaneous testing of the mean vector and the covariance matrix among two populations for high-dimensional data[J]. Test 2018 Vol. 27 No. 3 P680-699, 1133-0686.

[41]Tsukada S. Unbiased estimators for a covariance matrix under two-step monotone incomplete sample[J]. Communications in Statistics-Theory and methods, 2014, 43: 1613-1629.

[42]Marden J, Gao Y. Rankbased procedures for structural hypotheses on covariance matrices[J]. Sankhyā: the Indian Journal of Statistics, 2002, 64: 653-677.

[43]Srivastava M S. Methods of Multivariate Statistics[M]. New York: John Wiley & Sons, 2002.

[44]Mauchly J W. Significance test for sphericity of a normal n-variate distribution[J]. The Annals of Mathematical Statistics , 1940, 11: 204-209.

[45]Bai Z D. Convergence rate of expected spectral distributions of large random matrices. Part II. Sample covariance matrices[J]. The Annals of Probability, 1993, 21(2): 649-672.

[46]Bai Z D , Krishnaiah P R, Zhao L C. On rates of convergence of efficient detection criteria in signal processing with white noise[J]. IEEE Transactions on Information Theory, 1989, 35(2): 380-388.

[47]Tony C , Ma Z M. Optimal hypothesis testing for high dimensional covariance matrices[J]. Bernoulli, 2013, 19(5B): 2359-2388.

[48]Chen B B, Pan G M. CLT for linear spectral statistics of normalized sample covariance matrices with the dimension much larger than the

sample size[J]. Bernoulli, 2015, 21(2): 1089-1133.

[49] Fisher T J. On testing for an identity covariance matrix when the dimensionality equals or exceeds the sample size [J]. Journal of Statistical Planning and Inference, 2012, 142: 312-326.

[50] Fisher T, Sun X, Gallagher C. A new test for sphericity of the covariance matrix for high dimensional data[J]. Journal of Multivariate Analysis, 2010, 101: 2554-2570.

[51] Gao Y, Marden J I. Some rank-based hypothesis tests for covariance structure and conditional independence[J]. Contemporary Mathematics, 2001, 287: 97-109.

[52] Gupta A K, Bodnar T. An exact test about the covariance matrix[J]. Journal of Multivariate Analysis, 2014, 125: 176-189.

[53] Ledoit O, Wolf M. Some hypothesis tests for the covariance matrix when the dimension is large compared to thc samplc size[J]. The Annals of Statistics, 2002, 30: 1081-1102.

[54] Narayanaswamy C R, Raghavarao D. Principal component analysis of large dispersion matrices[J]. Journal of the Royal Statistical Society, Series C, 1991, 40(2): 309-316.

[55] Pinto L P, Mingoti S A. On hypothesis tests for covariance matrices under multivariate normality[J]. Pesquisa Operacional, 2015, 35(1): 123-142.

[56] Saranadasa H. Asymptotic expansion of the misclassification probabilities of Dand A-criteria for discrimination from two high-dimensional populations using the theory of large-dimensional random matrices[J]. Journal of Multivariate Analysis, 1993, 46(1): 1540174.

[57] Schott J R. Testing for complete independence in high dimensions[J]. Biometrika, 2005, 92(4): 951-956.

[58] Serdobolskii V. Theory of essentially multivariate statistical analysis[J]. Russian Mathematical Surveys, 1999, 54: 85-112.

[59] Schott J R. A high-dimensional test for the equality of the smallest eigenvalues of a covariance matrix[J]. Journal of Multivariate Analysis, 2006, 97(4): 827-843.

[60] Schott J R. A test for the equality of covariance matrices when the dimension is large relative to the sample sizes [J]. Computational Statistics & Data Analysis, 2007, 51: 6535-6542.

[61] Silverstein J. W. Eigenvalues and eigenvectors of large-dimensional sample covariance matrices, in: Random Matrices and their Applications [J]. Contemporary Mathematics, 1986, 50: 153-159.

[62] Srivastava M S. Some tests concerning the covariance matrix in high dimensional data[J]. The Japan Statistical Society, 2005, 35: 251-272.

[63] Srivastava M S. Some tests criteria for the covariance matrix with fewer observations than the dimension [J]. Acta Et Commentationes Universitatis Tartuensis De Mathematica, 2006, 10: 77-93.

[64] Srivastava M S. Multivariate theory for analyzing high dimensional data [J]. The Japan Statistical Society, 2007, 37: 53-86.

[65] Wang C, Yang J, Miao B Q, Cao Longbing. Identity tests for high dimensional data using RMT [J]. Journal of Multivariate Analysis, 2013, 118: 128-137.

[66] Wang Q W and Yao J F. On the sphericity test with large-dimensional observations[J]. Electronic Journal of Statistics, 2013, 7: 2164-2192.

[67] Yin Y Q, Krishnaiah P R. A limit theorem for the eigenvalues of product of two random matrices[J]. Journal of Multivariate Analysis, 1983, 13(4): 489-507.

[68] Zhang R M, Peng L , Wang R D. Tests for covariance matrix with fixed or divergent dimension[J]. The Annals of Statistics, 2013, 41(4): 2075-2096.

[69] John S. Some optimal multivariate tests[J]. Biometrika, 1971, 58: 123-127.

[70]Nagao H. On some test criteria for covariance matrix[J]. The Annals of Statistics, 1973, 1: 700-709.

[71]Birke M, Dette H. A note on testing the covariance matrix for large dimension[J]. Statistics and Probability Letters, 2005, 74: 281-289.

[72]Bai Z D, Jiang D D, Yao J F, et al. Corrections to LRT on large-dimensional covariance matrix by RMT[J]. The Annals of Statistics, 2009, 37: 3822-3840.

[73] Fitzmaurice G M, Laird N M, Ware J H. Applied Longitudinal Analysis, second ed[M]. John Wiley & Sons, New York, 2011.

[74]Wiorkowski J J. Unbalanced regression analysis with residuals having a covariance structure of intraclass form [J]. Biometrics, 1975, 31: 611-618.

[75]Wilks S S. Sample criteria for testing equality of means, equality of variances, and equality of covariances in a normal multivariate distribution[J]. The Annals of Mathematical Statistics, 1946, 17: 257-281.

[76]Haq M S. A multivariate model with intra-class covariance structure[J]. Annals of the Institute of Statistical Mathematics, 1974, 26: 413-420.

[77]Siotani M, Hayakawa T, Fujikoshi Y. Modern Multivariate Statistical Analysis: A Graduate Course and Handbook[M]. American Sciences Press, Columbus, OH, 1985.

[78]Rencher, A. C. Methods of Multivariate Analysis, second ed. [M]. New York: John Wiley \ &Sons, 2002.

[79] Kato N , Yamada T, Fujikoshi Y. High-dimensional asymptotic expansion of lr statistic for testing intraclass correlation structure and its error bound[J]. Journal of Multivariate Analysis, 2010, 101: 101-112.

[80]Srivastava M S. and Reid, N. Testing the structure of the covariance matrix with fewer observations than the dimension [J]. Journal of Multivariate Analysis, 2012, 112: 156-171.

[81] Morris T L , Payton M E, Santorico S A. A permutation test for compound symmetry with application to gene expression data[J]. Journal of Modern Applied Statistical Methods, 2011, 10: 447-461.

[82] Bai Z D, Silverstein W J. CLT for linear spectral statitics of large-dimensional sample covariance matrices[J]. The Annals of Probability, 2004, 32(1A): 553-605.

[83] Zheng S R, Lin R T, Guo J H, et al. Testing Homogeneity of High-dimensional Covariance Matrices [J]. Statistica Sinica, 2020, 30: 35-53.

[84] Srivastava M S. A test for the mean vector with fewer observations than the dimension under non-normality[J]. Journal of Multivariate Analysis, 2009, 100: 518-532.

[85] Shiryayev A. Probability[M]. Springer-Verlag, New York, 1984.

附　录

本部分将给出 2.3 节和 4.3 节中一些结论的证明．

求 $E(\bar{\boldsymbol{x}}^{\mathrm{T}}\bar{\boldsymbol{x}})$、$\mathrm{Var}(n^{-2}\sum_{i=1}^{n}\boldsymbol{x}_i^{\mathrm{T}}\boldsymbol{x}_i)$ 和 $\mathrm{Var}(n^{-2}\sum_{i\neq j}^{n}\boldsymbol{x}_i^{\mathrm{T}}\boldsymbol{x}_j)$

我们发现

$$\bar{\boldsymbol{x}}^{\mathrm{T}}\bar{\boldsymbol{x}}=n^{-2}(\sum_{i=1}^{n}\boldsymbol{x}_i^{\mathrm{T}})(\sum_{j=1}^{n}\boldsymbol{x}_j)=n^{-2}(\sum_{i=1}^{n}\boldsymbol{x}_i^{\mathrm{T}}\boldsymbol{x}_i+\sum_{i\neq j}^{n}\boldsymbol{x}_i^{\mathrm{T}}\boldsymbol{x}_j).$$

$$\begin{aligned}E(\bar{\boldsymbol{x}}^{\mathrm{T}}\bar{\boldsymbol{x}})&=n^{-2}E(\sum_{i=1}^{n}\boldsymbol{x}_i^{\mathrm{T}}\boldsymbol{x}_i+\sum_{i\neq j}^{n}\boldsymbol{x}_i^{\mathrm{T}}\boldsymbol{x}_j)\\&=n^{-1}E(\boldsymbol{x}_i^{\mathrm{T}}\boldsymbol{x}_i)+\frac{n-1}{n}E(\boldsymbol{x}_i^{\mathrm{T}}\boldsymbol{x}_j),\end{aligned}$$

其中

$$\begin{aligned}E(\boldsymbol{x}_i^{\mathrm{T}}\boldsymbol{x}_i)&=E\{(\boldsymbol{\mu}+\boldsymbol{\Sigma}^{\frac{1}{2}}\boldsymbol{w}_i)^{\mathrm{T}}(\boldsymbol{\mu}+\boldsymbol{\Sigma}^{\frac{1}{2}}\boldsymbol{w}_i)\}\\&=E(\boldsymbol{\mu}^{\mathrm{T}}\boldsymbol{\mu}+\boldsymbol{\mu}^{\mathrm{T}}\boldsymbol{\Sigma}^{\frac{1}{2}}\boldsymbol{w}_i+\boldsymbol{w}_i^{\mathrm{T}}\boldsymbol{\Sigma}^{\frac{1}{2}}\boldsymbol{\mu}+\boldsymbol{w}_i^{\mathrm{T}}\boldsymbol{\Sigma}^{\frac{1}{2}}\boldsymbol{\Sigma}^{\frac{1}{2}}\boldsymbol{w}_i)\\&=\boldsymbol{\mu}^{\mathrm{T}}\boldsymbol{\mu}+0+0+E(\boldsymbol{w}_i^{\mathrm{T}}\boldsymbol{\Sigma}\boldsymbol{w}_i)=\boldsymbol{\mu}^{\mathrm{T}}\boldsymbol{\mu}+E\{\mathrm{tr}(\boldsymbol{w}_i^{\mathrm{T}}\boldsymbol{\Sigma}\boldsymbol{w}_i)\}\\&=\boldsymbol{\mu}^{\mathrm{T}}\boldsymbol{\mu}+E\{\mathrm{tr}(\boldsymbol{w}_i\boldsymbol{w}_i^{\mathrm{T}}\boldsymbol{\Sigma})\}=\boldsymbol{\mu}^{\mathrm{T}}\boldsymbol{\mu}+\mathrm{tr}\{E(\boldsymbol{w}_i\boldsymbol{w}_i^{\mathrm{T}}\boldsymbol{\Sigma})\}\\&=\boldsymbol{\mu}^{\mathrm{T}}\boldsymbol{\mu}+\mathrm{tr}\{\boldsymbol{I}_p\boldsymbol{\Sigma}\}=\boldsymbol{\mu}^{\mathrm{T}}\boldsymbol{\mu}+\mathrm{tr}(\boldsymbol{\Sigma});\end{aligned}$$

$$\begin{aligned}E(\boldsymbol{x}_i^{\mathrm{T}}\boldsymbol{x}_j)&=E(\boldsymbol{\mu}+\boldsymbol{\Sigma}^{\frac{1}{2}}\boldsymbol{w}_i)^{\mathrm{T}}E(\boldsymbol{\mu}+\boldsymbol{\Sigma}^{\frac{1}{2}}\boldsymbol{w}_j)\\&=\boldsymbol{\mu}^{\mathrm{T}}\boldsymbol{\mu}.\end{aligned}$$

因此

$$E(\bar{\boldsymbol{x}}^{\mathrm{T}}\bar{\boldsymbol{x}})=n^{-1}\boldsymbol{\mu}^{\mathrm{T}}\boldsymbol{\mu}+n^{-1}\mathrm{tr}(\boldsymbol{\Sigma})+\frac{n-1}{n}\boldsymbol{\mu}^{\mathrm{T}}\boldsymbol{\mu}=\boldsymbol{\mu}^{\mathrm{T}}\boldsymbol{\mu}+n^{-1}\mathrm{tr}(\boldsymbol{\Sigma}).$$

$E(\mathrm{tr}(\boldsymbol{S}_n^2))$ 的值为

$$
\begin{aligned}
E(\mathrm{tr}(\boldsymbol{S}_n^2)) &= E\left\{\mathrm{tr}\left[\left(\frac{1}{n}\sum_{i=1}^{n}\boldsymbol{x}_i\boldsymbol{x}_i^{\mathrm{T}}\right)^2\right]\right\} \\
&= \frac{1}{n^2}E\{\mathrm{tr}[\sum_{i=1}^{n}(\boldsymbol{x}_i\boldsymbol{x}_i^{\mathrm{T}})^2 + \sum_{i\neq j}^{n}(\bar{\boldsymbol{x}}_i\bar{\boldsymbol{x}}_i^{\mathrm{T}}\bar{\boldsymbol{x}}_j\bar{\boldsymbol{x}}_j^{\mathrm{T}})]\} \\
&= \frac{1}{n^2}\{nE(\boldsymbol{x}_1^{\mathrm{T}}\boldsymbol{x}_1)^2 + n(n-1)E(\boldsymbol{x}_2^{\mathrm{T}}\boldsymbol{x}_2)^2\} \\
&= \frac{1}{n}\{E(\boldsymbol{x}_1^{\mathrm{T}}\boldsymbol{x}_1)^2 + (n-1)E(\boldsymbol{x}_1^{\mathrm{T}}\boldsymbol{x}_2)^2\} \\
&= \frac{1}{n}\{4\boldsymbol{\mu}^{\mathrm{T}}\boldsymbol{\Sigma}\boldsymbol{\mu} + \beta_w\sum_{k=1}^{p}(\boldsymbol{e}_k^{\mathrm{T}}\boldsymbol{\Sigma}\boldsymbol{e}_k)^2 + 2\mathrm{tr}(\boldsymbol{\Sigma}^2) \\
&\quad + 4E[(\boldsymbol{x}_1-\boldsymbol{\mu})^{\mathrm{T}}(\boldsymbol{x}_1-\boldsymbol{\mu})(\boldsymbol{x}_1-\boldsymbol{\mu})^{T}\boldsymbol{\mu}] \\
&\quad + [\boldsymbol{\mu}^{\mathrm{T}}\boldsymbol{\mu} + \mathrm{tr}(\boldsymbol{\Sigma})]^2 + (n-1)\mathrm{tr}(\boldsymbol{\Sigma}^2) + 2(n-1)\boldsymbol{\mu}^{\mathrm{T}}\boldsymbol{\Sigma}\boldsymbol{\mu} \\
&\quad + (n-1)(\boldsymbol{\mu}^{\mathrm{T}}\boldsymbol{\mu})^2\} \\
&= \frac{1}{n}\{4\boldsymbol{\mu}^{\mathrm{T}}\boldsymbol{\Sigma}\boldsymbol{\mu} + \beta_w\sum_{k=1}^{p}(\boldsymbol{e}_k^{\mathrm{T}}\boldsymbol{\Sigma}\boldsymbol{e}_k)^2 + 2\mathrm{tr}(\boldsymbol{\Sigma}^2) \\
&\quad + 4E[(\boldsymbol{x}_1-\boldsymbol{\mu})^{\mathrm{T}}(\boldsymbol{x}_1-\boldsymbol{\mu})(\boldsymbol{x}_1-\boldsymbol{\mu})^{\mathrm{T}}\boldsymbol{\mu}] \\
&\quad + (\boldsymbol{\mu}^{\mathrm{T}}\boldsymbol{\mu})^2 + [\mathrm{tr}(\boldsymbol{\Sigma})]^2 + 2(\boldsymbol{\mu}^{\mathrm{T}}\boldsymbol{\mu})\mathrm{tr}(\boldsymbol{\Sigma}) + (n-1)\mathrm{tr}(\boldsymbol{\Sigma}^2) \\
&\quad + 2(n-1)\boldsymbol{\mu}^{\mathrm{T}}\boldsymbol{\Sigma}\boldsymbol{\mu} + (n-1)(\boldsymbol{\mu}^{\mathrm{T}}\boldsymbol{\mu})^2\} \\
&= \frac{2(n+1)}{n}\boldsymbol{\mu}^{\mathrm{T}}\boldsymbol{\Sigma}\boldsymbol{\mu} + \frac{1}{n}\beta_w\sum_{k=1}^{p}(\boldsymbol{e}_k^{\mathrm{T}}\boldsymbol{\Sigma}\boldsymbol{e}_k)^2 \\
&\quad + \frac{n+1}{n}\mathrm{tr}(\boldsymbol{\Sigma}^2) + \frac{4}{n}E[(\boldsymbol{x}_1-\boldsymbol{\mu})^{\mathrm{T}}(\boldsymbol{x}_1-\boldsymbol{\mu})(\boldsymbol{x}_1-\boldsymbol{\mu})^{\mathrm{T}}\boldsymbol{\mu}] \\
&\quad + (\boldsymbol{\mu}^{\mathrm{T}}\boldsymbol{\mu})^2 + \frac{1}{n}[\mathrm{tr}(\boldsymbol{\Sigma})]^2 + \frac{2}{n}(\boldsymbol{\mu}^{\mathrm{T}}\boldsymbol{\mu})\mathrm{tr}(\boldsymbol{\Sigma}) \\
&= \mathrm{tr}(\boldsymbol{\Sigma}^2) + n^{-1}\mathrm{tr}(\boldsymbol{\Sigma}^2) + \beta_w n^{-1}\sum_{k=1}^{p}(\boldsymbol{e}_k^{\mathrm{T}}\boldsymbol{\Sigma}\boldsymbol{e}_k)^2 \\
&\quad + n^{-1}[\mathrm{tr}(\boldsymbol{\Sigma})]^2 + 2(n+1)n^{-1}\boldsymbol{\mu}^{\mathrm{T}}\boldsymbol{\Sigma}\boldsymbol{\mu} \\
&\quad + 4n^{-1}E[(\boldsymbol{x}_1-\boldsymbol{\mu})^{T}(\boldsymbol{x}_1-\boldsymbol{\mu})(\boldsymbol{x}_1-\boldsymbol{\mu})^{T}\boldsymbol{\mu}] \\
&\quad + 2(\boldsymbol{\mu}^{\mathrm{T}}\boldsymbol{\mu})n^{-1}\mathrm{tr}(\boldsymbol{\Sigma}) + (\boldsymbol{\mu}^{\mathrm{T}}\boldsymbol{\mu})^2;
\end{aligned}
$$

$$
-2E(\mathrm{tr}(\boldsymbol{S}_n)) = -2E\left\{\mathrm{tr}\left[\left(\frac{1}{n}\sum_{i=1}^{n}\boldsymbol{x}_i\boldsymbol{x}_i^{\mathrm{T}}\right)\right]\right\}
$$

$$=-\frac{2}{n}\sum_{i=1}^{n} E(\boldsymbol{x}_i^{\mathrm{T}}\boldsymbol{x}_i)=-2E(\boldsymbol{x}_1^{\mathrm{T}}\boldsymbol{x}_1)=-2[\boldsymbol{\mu}^{\mathrm{T}}\boldsymbol{\mu}+\mathrm{tr}(\boldsymbol{\Sigma})].$$

因此统计量 $\bar{\boldsymbol{x}}^{\mathrm{T}}\bar{\boldsymbol{x}}+\mathrm{tr}\,(\boldsymbol{S}_n-\boldsymbol{I}_p)^2$ 的均值为

$$\begin{aligned}
\mu &= E[\bar{\boldsymbol{x}}^{\mathrm{T}}\bar{\boldsymbol{x}}+tr(\boldsymbol{S}_n-\boldsymbol{I}_p)^2]\\
&= E[\bar{\boldsymbol{x}}^{\mathrm{T}}\bar{\boldsymbol{x}}]+E(\mathrm{tr}(\boldsymbol{S}_n^2))-2E(\mathrm{tr}(\boldsymbol{S}_n))+p\\
&= \boldsymbol{\mu}^{\mathrm{T}}\boldsymbol{\mu}+n^{-1}\mathrm{tr}(\boldsymbol{\Sigma})+\mathrm{tr}(\boldsymbol{\Sigma}^2)+n^{-1}\mathrm{tr}(\boldsymbol{\Sigma}^2)+\beta_w n^{-1}\sum_{k=1}^{p}(\boldsymbol{e}_k^{\mathrm{T}}\boldsymbol{\Sigma}\boldsymbol{e}_k)^2\\
&\quad +n^{-1}[\mathrm{tr}(\boldsymbol{\Sigma})]^2+2(n+1)n^{-1}\boldsymbol{\mu}^{\mathrm{T}}\boldsymbol{\Sigma}\boldsymbol{\mu}\\
&\quad +4n^{-1}E[(\boldsymbol{x}_1-\boldsymbol{\mu})^T(\boldsymbol{x}_1-\boldsymbol{\mu})(\boldsymbol{x}_1-\boldsymbol{\mu})^{\mathrm{T}}\boldsymbol{\mu}]+2(\boldsymbol{\mu}^{\mathrm{T}}\boldsymbol{\mu})n^{-1}\mathrm{tr}(\boldsymbol{\Sigma})\\
&\quad +(\boldsymbol{\mu}^{\mathrm{T}}\boldsymbol{\mu})^2-2[\boldsymbol{\mu}^{\mathrm{T}}\boldsymbol{\mu}+\mathrm{tr}(\boldsymbol{\Sigma})]+p\\
&= n^{-1}\mathrm{tr}(\boldsymbol{\Sigma})+\mathrm{tr}(\boldsymbol{\Sigma}^2)-2\mathrm{tr}(\boldsymbol{\Sigma})+p+\boldsymbol{\mu}^{\mathrm{T}}\boldsymbol{\mu}-2\boldsymbol{\mu}^{\mathrm{T}}\boldsymbol{\mu}+n^{-1}\mathrm{tr}(\boldsymbol{\Sigma}^2)\\
&\quad +\beta_w n^{-1}\sum_{k=1}^{p}(\boldsymbol{e}_k^{\mathrm{T}}\boldsymbol{\Sigma}\boldsymbol{e}_k)^2+n^{-1}[\mathrm{tr}(\boldsymbol{\Sigma})]^2+2(n+1)n^{-1}\boldsymbol{\mu}^{\mathrm{T}}\boldsymbol{\Sigma}\boldsymbol{\mu}\\
&\quad +4n^{-1}E[(\boldsymbol{x}_1-\boldsymbol{\mu})^T(1-\boldsymbol{\mu})(\boldsymbol{x}_1-\boldsymbol{\mu})^T\boldsymbol{\mu}]+2(\boldsymbol{\mu}^T\boldsymbol{\mu})n^{-1}\mathrm{tr}(\boldsymbol{\Sigma})\\
&\quad +(\boldsymbol{\mu}^T\boldsymbol{\mu})^2.
\end{aligned}$$

$$\mathrm{Var}(n^{-2}\sum_{i=1}^{n}\boldsymbol{x}_i^{\mathrm{T}}\boldsymbol{x}_i)=n^{-3}\,\mathrm{Var}(\boldsymbol{x}_1^{\mathrm{T}}\boldsymbol{x}_1)$$

和

$$\begin{aligned}
&\mathrm{Var}(n^{-2}\sum_{i=1}^{n}\boldsymbol{x}_i^{\mathrm{T}}\boldsymbol{x}_i)=n^{-4}\mathrm{Var}(\sum_{\mathrm{i}\neq\mathrm{j}}^{n}\boldsymbol{x}_i^{\mathrm{T}}\boldsymbol{x}_j)\\
&= n^{-4}\sum_{i\neq j}^{n}\sum_{k\neq l}^{n}E\{(\boldsymbol{x}_i^{\mathrm{T}}\boldsymbol{x}_j-E\boldsymbol{x}_i^{\mathrm{T}}\boldsymbol{x}_j)(\boldsymbol{x}_k^{\mathrm{T}}\boldsymbol{x}_l-E\boldsymbol{x}_k^{\mathrm{T}}\boldsymbol{x}_l)\}\\
&= 2n^{-4}\sum_{i\neq j}^{n}E(\boldsymbol{x}_i^{\mathrm{T}}\boldsymbol{x}_j-\boldsymbol{\mu}^{\mathrm{T}}\boldsymbol{\mu})^2+4n^{-4}\sum_{i\neq j\neq l}^{n}E\{(\boldsymbol{x}_i^{\mathrm{T}}\boldsymbol{x}_j-\boldsymbol{\mu}^{\mathrm{T}}\boldsymbol{\mu})(\boldsymbol{x}_j^{\mathrm{T}}\boldsymbol{x}_l-\boldsymbol{\mu}^{\mathrm{T}}\boldsymbol{\mu})\}+0\\
&= \frac{2n(n-1)}{n^4}E(\boldsymbol{x}_2^{\mathrm{T}}-\boldsymbol{\mu}^{\mathrm{T}}\boldsymbol{\mu})^2+\frac{4n(n-1)(n-2)}{n^4}E\{(\boldsymbol{x}_1^{\mathrm{T}}\boldsymbol{x}_2-\boldsymbol{\mu}^{\mathrm{T}}\boldsymbol{\mu})(\boldsymbol{x}_2^{\mathrm{T}}\boldsymbol{x}_3-\boldsymbol{\mu}^{\mathrm{T}}\boldsymbol{\mu})\},
\end{aligned}$$

其中，

$$\begin{aligned}
&\mathrm{Var}(\boldsymbol{x}_1^{\mathrm{T}}\boldsymbol{x}_1)=E(\boldsymbol{x}_1^{\mathrm{T}}\boldsymbol{x}_1-E\boldsymbol{x}_1^{\mathrm{T}}\boldsymbol{x}_1)^2\\
&= E\{\boldsymbol{\mu}^{\mathrm{T}}\boldsymbol{\mu}+\boldsymbol{\mu}^{\mathrm{T}}\boldsymbol{\Sigma}^{\frac{1}{2}}\boldsymbol{w}_1+\boldsymbol{w}_1^{\mathrm{T}}\boldsymbol{\Sigma}^{\frac{1}{2}}\boldsymbol{\mu}+\boldsymbol{w}_1^{\mathrm{T}}\boldsymbol{\Sigma}^{\frac{1}{2}}\boldsymbol{\Sigma}^{\frac{1}{2}}\boldsymbol{w}_1-\boldsymbol{\mu}^{\mathrm{T}}\boldsymbol{\mu}-\mathrm{tr}(\boldsymbol{\Sigma})\}^2\\
&= E\{(\boldsymbol{\mu}^{\mathrm{T}}\boldsymbol{\Sigma}^{\frac{1}{2}}\boldsymbol{w}_1)^2+(\boldsymbol{w}_1^{\mathrm{T}}\boldsymbol{\Sigma}^{\frac{1}{2}}\boldsymbol{\mu})^2+(\boldsymbol{w}_1^{\mathrm{T}}\boldsymbol{\Sigma}\boldsymbol{w}_1)^2+[\mathrm{tr}(\boldsymbol{\Sigma})]^2\\
&\quad +2(\boldsymbol{\mu}^{\mathrm{T}}\boldsymbol{\Sigma}^{\frac{1}{2}}\boldsymbol{w}_1)(\boldsymbol{w}_1^{\mathrm{T}}\boldsymbol{\Sigma}^{\frac{1}{2}}\boldsymbol{\mu})+2(\boldsymbol{\mu}^{\mathrm{T}}\boldsymbol{\Sigma}^{\frac{1}{2}}\boldsymbol{w}_1)(\boldsymbol{w}_1^{\mathrm{T}}\boldsymbol{\Sigma}\boldsymbol{w}_1)-2\mathrm{tr}(\boldsymbol{\Sigma})(\boldsymbol{\mu}^{\mathrm{T}}\boldsymbol{\Sigma}^{\frac{1}{2}}\boldsymbol{w}_1)
\end{aligned}$$

$$+2(\boldsymbol{w}_1^{\mathrm{T}}\boldsymbol{\Sigma}^{\frac{1}{2}}\boldsymbol{\mu})(\boldsymbol{w}_1^{\mathrm{T}}\boldsymbol{\Sigma}\boldsymbol{w}_1)-2\mathrm{tr}(\boldsymbol{\Sigma})(\boldsymbol{w}_1^{\mathrm{T}}\boldsymbol{\Sigma}^{\frac{1}{2}}\boldsymbol{\mu})-2\mathrm{tr}(\boldsymbol{\Sigma})(\boldsymbol{w}_1^{\mathrm{T}}\boldsymbol{\Sigma}\boldsymbol{w}_1)\}.$$

为了推导这些项的均值，我们给出下面的记号：

$$\boldsymbol{\Sigma}=(\theta_{ij})_{pxp},$$

$$\boldsymbol{\Sigma}^{\frac{1}{2}}=(\gamma_{ij})_{pxp},$$

$$\boldsymbol{\Sigma}^{\frac{1}{2}}\boldsymbol{\mu}=(r_1,\ \cdots,\ r_p)^{\mathrm{T}},$$

$$E(x_{ii})^k=\mu_k,\ k=1,\ 2,\ 3,\ 4,\ 5,\ 6,\ 7,\ 8.$$

则

$$E(\boldsymbol{\mu}^{\mathrm{T}}\boldsymbol{\Sigma}^{\frac{1}{2}}\boldsymbol{w}_1)^2=\boldsymbol{\mu}^{\mathrm{T}}\boldsymbol{\Sigma}\boldsymbol{\mu};$$

$$E(\boldsymbol{w}_1^{\mathrm{T}}\boldsymbol{\Sigma}\boldsymbol{w}_1)^2=\sum_{k=1}^{p}\theta_{kk}^2[E(\mathrm{w}_{k1}^4)-1]+\sum_{k=1}^{p}\sum_{i=1}^{p}\theta_{ik}^2+\sum_{k\neq l}^{p}[\theta_{kk}\theta_{ll}+\theta_{lk}\theta_{kl}]$$

$$=\beta_{\mathrm{w}}\sum_{k=1}^{p}(\boldsymbol{e}_k^{\mathrm{T}}\boldsymbol{\Sigma}\boldsymbol{e}_k)^2+(\sum_{k=1}^{p}\theta_{kk}^2+\sum_{k\neq l}^{p}\theta_{lk}\theta_{kl})+\sum_{k=1}^{p}\sum_{i=1}^{p}\theta_{ik}^2+(\sum_{k=1}^{p}\theta_{kk}^2+\sum_{k\neq l}^{p}\theta_{kk}\theta_{ll})$$

$$=\beta_{\mathrm{w}}\sum_{k=1}^{p}(\boldsymbol{e}_k^{\mathrm{T}}\boldsymbol{\Sigma}\boldsymbol{e}_k)^2+2\mathrm{tr}(\boldsymbol{\Sigma}^2)+(\mathrm{tr}\boldsymbol{\Sigma})^2;$$

$$E\{2(\boldsymbol{\mu}^{\mathrm{T}}\boldsymbol{\Sigma}^{\frac{1}{2}}\boldsymbol{w}_1)(\boldsymbol{w}_1^{\mathrm{T}}\boldsymbol{\Sigma}^{\frac{1}{2}}\boldsymbol{\mu})\}=2\boldsymbol{\mu}^{\mathrm{T}}\boldsymbol{\Sigma}\boldsymbol{\mu};$$

$$E\{2(\boldsymbol{w}_1^{\mathrm{T}}\boldsymbol{\Sigma}^{\frac{1}{2}}\boldsymbol{\mu})(\boldsymbol{w}_1^{\mathrm{T}}\boldsymbol{\Sigma}\boldsymbol{w}_1)\}=2E\{(\boldsymbol{w}_1^{\mathrm{T}}\boldsymbol{\Sigma}\boldsymbol{w}_1)(\boldsymbol{w}_1^{\mathrm{T}}\boldsymbol{\Sigma}^{\frac{1}{2}}\boldsymbol{\mu})\}$$

$$=2E(\boldsymbol{w}_1^{\mathrm{T}}\boldsymbol{\Sigma}\boldsymbol{w}_1\boldsymbol{w}_1^{\mathrm{T}})\boldsymbol{\Sigma}^{\frac{1}{2}}\boldsymbol{\mu}=2E\{(\sum_{i=1}^{p}w_{i1}\theta_{i1}w_{11}+\sum_{i=1}^{p}w_{i1}\theta_{i2}w_{21}+\cdots$$

$$+\sum_{i=1}^{p}w_{i1}\theta_{ip}w_{p1})(w_{11},\ w_{21},\ \cdots,\ w_{p1})\}\boldsymbol{\Sigma}^{\frac{1}{2}}\boldsymbol{\mu}$$

$$=2(E(w_{11}^3)\theta_{11},\ E(w_{21}^3)\theta_{22},\ \cdots,\ E(w_{p1}^3)\theta_{pp})\boldsymbol{\Sigma}^{\frac{1}{2}}\boldsymbol{\mu}$$

$$=2E(w_{11}^3)(\theta_{11},\ \theta_{22},\ \cdots,\ \theta_{pp})\boldsymbol{\Sigma}^{\frac{1}{2}}\boldsymbol{\mu};$$

$$=2E[(\bar{\boldsymbol{x}}_1-\boldsymbol{\mu})^{\mathrm{T}}(\bar{\boldsymbol{x}}_1-\boldsymbol{\mu})(\bar{\boldsymbol{x}}_1-\boldsymbol{\mu})^{\mathrm{T}}\boldsymbol{\mu}];$$

$$E\{2(\boldsymbol{\mu}^{\mathrm{T}}\boldsymbol{\Sigma}^{\frac{1}{2}}\boldsymbol{w}_1)(\boldsymbol{w}_1^{\mathrm{T}}\boldsymbol{\Sigma}\boldsymbol{w}_1\}=2E[\mathrm{tr}(\boldsymbol{\mu}^{\mathrm{T}}\boldsymbol{\Sigma}^{\frac{1}{2}}\boldsymbol{w}_1\boldsymbol{w}_1^{\mathrm{T}}\boldsymbol{\Sigma}\boldsymbol{w}_1)]$$

$$=2E[\mathrm{tr}(\boldsymbol{w}_1^{\mathrm{T}}\boldsymbol{\Sigma}\boldsymbol{w}_1)(\boldsymbol{w}_1^{T}\boldsymbol{\Sigma}^{\frac{1}{2}}\boldsymbol{\mu})]$$

$$=2E(w_{11}^3)(\theta_{11},\ \theta_{22},\ \cdots,\ \theta_{pp})\boldsymbol{\Sigma}^{\frac{1}{2}}\boldsymbol{\mu}$$

$$=2E[(\bar{\boldsymbol{x}}_1-\boldsymbol{\mu})^{\mathrm{T}}(\bar{x}_1-\boldsymbol{\mu})(\bar{x}_1-\boldsymbol{\mu})^{\mathrm{T}}\boldsymbol{\mu}];$$

$$E\{2\mathrm{tr}(\boldsymbol{\Sigma})(\boldsymbol{w}_1^{\mathrm{T}}\boldsymbol{\Sigma}\boldsymbol{w}_1)\}=2[\mathrm{tr}(\boldsymbol{\Sigma})]^2.$$

因此

$$\mathrm{Var}(\bar{\boldsymbol{x}}_1^{\mathrm{T}}\bar{\boldsymbol{x}}_1)=E(\bar{\boldsymbol{x}}_1^{\mathrm{T}}\bar{\boldsymbol{x}}_1-E\bar{\boldsymbol{x}}_1^{\mathrm{T}}\bar{\boldsymbol{x}}_1)^2$$

$$=4\boldsymbol{\mu}^{\mathrm{T}}\boldsymbol{\Sigma}\boldsymbol{\mu}+\beta_{\mathrm{w}}\sum_{k=1}^{p}\theta_{kk}^2+2\mathrm{tr}(\boldsymbol{\Sigma}^2)+4E[(\bar{\boldsymbol{x}}_1-\boldsymbol{\mu})^{\mathrm{T}}(\bar{\boldsymbol{x}}_1-\boldsymbol{\mu})(\bar{\boldsymbol{x}}_1-\boldsymbol{\mu})^{\mathrm{T}}\boldsymbol{\mu}].$$

由于

$$E(\bar{\boldsymbol{x}}_1^{\mathrm{T}}\bar{\boldsymbol{x}}_2-\boldsymbol{\mu}^{\mathrm{T}}\boldsymbol{\mu})^2=\mathrm{tr}[E(\bar{\boldsymbol{x}}_1\bar{\boldsymbol{x}}_1^{\mathrm{T}}]^2-(\boldsymbol{\mu}^{\mathrm{T}}\boldsymbol{\mu})^2$$

$$=\mathrm{tr}[E(\boldsymbol{\mu}+\boldsymbol{\Sigma}^{\frac{1}{2}}\boldsymbol{w}_i)(\boldsymbol{\mu}+\boldsymbol{\Sigma}^{\frac{1}{2}}\boldsymbol{w}_i)^{\mathrm{T}}]^2-(\boldsymbol{\mu}^{\mathrm{T}}\boldsymbol{\mu})^2$$

$$=\mathrm{tr}[\boldsymbol{\Sigma}+\boldsymbol{\mu}\boldsymbol{\mu}^{\mathrm{T}}]^2-(\boldsymbol{\mu}^{\mathrm{T}}\boldsymbol{\mu})^2=\mathrm{tr}(\boldsymbol{\Sigma}^2)+2\boldsymbol{\mu}^{\mathrm{T}}\boldsymbol{\Sigma}\boldsymbol{\mu}$$

及

$$E\{(\bar{\boldsymbol{x}}_1^{\mathrm{T}}\bar{\boldsymbol{x}}_2-\boldsymbol{\mu}^{\mathrm{T}}\boldsymbol{\mu})(\bar{\boldsymbol{x}}_2^{\mathrm{T}}\bar{\boldsymbol{x}}_3-\boldsymbol{\mu}^{\mathrm{T}}\boldsymbol{\mu})\}$$

$$=E\{\bar{\boldsymbol{x}}_1^{\mathrm{T}}\bar{\boldsymbol{x}}_2\bar{\boldsymbol{x}}_2^{\mathrm{T}}\bar{\boldsymbol{x}}_3-\bar{\boldsymbol{x}}_1^{\mathrm{T}}\bar{\boldsymbol{x}}_2\boldsymbol{\mu}^{\mathrm{T}}\boldsymbol{\mu}-\boldsymbol{\mu}^{\mathrm{T}}\boldsymbol{\mu}\bar{\boldsymbol{x}}_2^{\mathrm{T}}\bar{\boldsymbol{x}}_3+(\boldsymbol{\mu}^{\mathrm{T}}\boldsymbol{\mu})^2\}$$

$$=\boldsymbol{\mu}^{\mathrm{T}}(\boldsymbol{\Sigma}+\boldsymbol{\mu}\boldsymbol{\mu}^{\mathrm{T}})\boldsymbol{\mu}-2\boldsymbol{\mu}^{\mathrm{T}}\boldsymbol{\mu}\boldsymbol{\mu}^{\mathrm{T}}\boldsymbol{\mu}+(\boldsymbol{\mu}^{\mathrm{T}}\boldsymbol{\mu})^2=\boldsymbol{\mu}^{\mathrm{T}}\boldsymbol{\Sigma}\boldsymbol{\mu},$$

因此，

$$\mathrm{Var}(n^{-2}\sum_{i\neq j}^{n}\bar{\boldsymbol{x}}_i^{\mathrm{T}}\bar{\boldsymbol{x}}_j)$$

$$=\frac{2n(n-1)}{n^4}E(\bar{\boldsymbol{x}}_1^{\mathrm{T}}\bar{\boldsymbol{x}}_2-\boldsymbol{\mu}^{\mathrm{T}}\boldsymbol{\mu})^2$$

$$+\frac{4n(n-1)(n-2)}{n^4}E\{(\bar{\boldsymbol{x}}_1^{\mathrm{T}}\bar{\boldsymbol{x}}_2-\boldsymbol{\mu}^{\mathrm{T}}\boldsymbol{\mu})(\bar{\boldsymbol{x}}_2^{\mathrm{T}}\bar{\boldsymbol{x}}_3-\boldsymbol{\mu}^{\mathrm{T}}\boldsymbol{\mu})\}$$

$$=\frac{2n(n-1)}{n^4}\{\mathrm{tr}(\boldsymbol{\Sigma}^2)+2\boldsymbol{\mu}^{\mathrm{T}}\boldsymbol{\Sigma}\boldsymbol{\mu}\}+\frac{4n(n-1)(n-2)}{n^4}\boldsymbol{\mu}^{\mathrm{T}}\boldsymbol{\Sigma}\boldsymbol{\mu}$$

$$=\frac{2(n-1)}{n^3}\mathrm{tr}(\boldsymbol{\Sigma}^2)+\frac{4(n-1)^2}{n^3}\boldsymbol{\mu}^{\mathrm{T}}\boldsymbol{\Sigma}\boldsymbol{\mu}.$$

证明 $\sum_{k=1}^{n}E(Z_k^4)\to 0$

根据 Z_k，$k=1$，2，…，n 的定义，我们可得到

$$E(Z_k^4)=\frac{16}{n^8p^2}E[(n-k)(\mathbf{1}^{\mathrm{T}}\boldsymbol{y}_k\boldsymbol{y}_1^{\mathrm{T}}\mathbf{1}-p)+\sum_{j=1}^{k-1}\mathbf{1}^{\mathrm{T}}\boldsymbol{y}_j\boldsymbol{y}_j^{\mathrm{T}}\boldsymbol{y}_k\boldsymbol{y}_k^{\mathrm{T}}\mathbf{1}-\sum_{j=1}^{k-1}\mathbf{1}^{\mathrm{T}}\boldsymbol{y}_j\boldsymbol{y}_j^{\mathrm{T}}\mathbf{1}]^4$$

$$=\frac{16}{n^8p^2}\sum_{l_1+l_2+l_3=4}\frac{4!}{l_1!\ l_2!\ l_3!}E\{(n-k)^{l_1}(\mathbf{1}^{\mathrm{T}}\boldsymbol{y}_k\boldsymbol{y}_k^{\mathrm{T}}1$$

$$-p)^{l_1}\left(\sum_{j=1}^{k-1}\mathbf{1}^{\mathrm{T}}\boldsymbol{y}_j\boldsymbol{y}_j^{\mathrm{T}}\mathbf{1}\right)^{l_2}(\sum_{j=1}^{k-1}\mathbf{1}^{\mathrm{T}}\boldsymbol{y}_j\boldsymbol{y}_j^{\mathrm{T}}\boldsymbol{y}_k\boldsymbol{y}_k^{\mathrm{T}}\mathbf{1})^{l_3}\}. \tag{36}$$

首先我们考虑下面这几项：

$$E\{(n-k)^4(\mathbf{1}^{\mathrm{T}}\mathbf{y}_k\mathbf{y}_k^{\mathrm{T}}\mathbf{1}-p)^4\},\ E\{[\sum_{j=1}^{k-1}(\mathbf{1}^{\mathrm{T}}\mathbf{y}_k\mathbf{y}_k^{\mathrm{T}}\mathbf{y}_j\mathbf{y}_j^{\mathrm{T}}\mathbf{1})]^4\},$$

$$E\{[\sum_{j=1}^{k-1}(\mathbf{1}^{\mathrm{T}}\mathbf{y}_j\mathbf{y}_j^{\mathrm{T}}\mathbf{1})]^4\}.$$

(i) 求 $\frac{1}{n^8p^2}\sum_{k=1}^{n}E[(\mathbf{1}^{\mathrm{T}}\mathbf{y}_k\mathbf{y}_k^{\mathrm{T}}\mathbf{1}-p)^4]$.

因为

$$\begin{aligned}E[(\mathbf{1}^{\mathrm{T}}\mathbf{y}_k\mathbf{y}_k^{\mathrm{T}}\mathbf{1}-p)^4]&=E\{(\mathbf{1}^{\mathrm{T}}\mathbf{y}_k\mathbf{y}_k^{\mathrm{T}}\mathbf{1})^4\}-4pE\{(\mathbf{1}^{\mathrm{T}}\mathbf{y}_k\mathbf{y}_k^{\mathrm{T}}\mathbf{1})^3\}\\&\quad+6p^2E\{(\mathbf{1}^{\mathrm{T}}\mathbf{y}_k\mathbf{y}_k^{\mathrm{T}}\mathbf{1})^2\}-4p^3E\{(\mathbf{1}^{\mathrm{T}}\mathbf{y}_k\mathbf{y}_k^{\mathrm{T}}\mathbf{1})\}+p^4,\end{aligned}\tag{37}$$

通过计算，我们得到

$$\begin{aligned}&E(\mathbf{1}^{\mathrm{T}}\mathbf{y}_k\mathbf{y}_k^{\mathrm{T}}\mathbf{1})=p,\\&E(\mathbf{1}^{\mathrm{T}}\mathbf{y}_k\mathbf{y}_k^{\mathrm{T}}\mathbf{1})^2=\mu_4p+3p(p-1),\\&E(\mathbf{1}^{\mathrm{T}}\mathbf{y}_k\mathbf{y}_k^{\mathrm{T}}\mathbf{1})^3=\mu_6p+p(p-1)[(15\mu_4+10\mu_3^2)+15(p-2)],\\&E(\mathbf{1}^{\mathrm{T}}\mathbf{y}_k\mathbf{y}_k^{\mathrm{T}}\mathbf{1})^4=\mu_8p+p(p-1)[(35\mu_4^2+28\mu_6+56\mu_3\mu_5)\\&\qquad\qquad+(210\mu_4+280\mu_3^2)(p-2)+105(p-2)(p-3)],\end{aligned}$$

由此可得到

$$\begin{aligned}&E\{(n-k)^4(\mathbf{1}^{\mathrm{T}}\mathbf{y}_k\mathbf{y}_k^{\mathrm{T}}\mathbf{1}-p)^4\}\\&=(n-k)^4\{\mu_8p+p(p-1)[(35\mu_4^2+28\mu_6+56\mu_3\mu_5)\\&\quad+(210\mu_4+280\mu_3^2)(p-2)+105(p-2)(p-3)]\\&\quad-4\mu_6p^2-4p^2(p-1)[(15\mu_4+10\mu_3^2)]+15(p-2)]\\&\quad+6p^2[\mu_4p+3p(p-1)]-4p^4+p^4\}.\end{aligned}$$

则当 n，$p\to\infty$ 时，我们得到

$$\frac{1}{n^8p^2}\sum_{k=1}^{n}E[(\mathbf{1}^{\mathrm{T}}\mathbf{y}_k\mathbf{y}_k^{\mathrm{T}}\mathbf{1}-p)^4]\to\infty.$$

(ii) 求 $\frac{1}{n^8p^2}\sum_{k=1}^{n}E\,[\sum_{j=1}^{k-1}(\mathbf{1}^{\mathrm{T}}\mathbf{y}_j\mathbf{y}_j^{\mathrm{T}}\mathbf{1})]^4$.

应用闵可夫斯基不等式(Minkowski inequality)，则

$$E[\sum_{j=1}^{k-1}(\mathbf{1}^{\mathrm{T}}\mathbf{y}_j\mathbf{y}_j^{\mathrm{T}}\mathbf{1})]^4\leqslant\{\sum_{j=1}^{k-1}[E\,(\mathbf{1}^{\mathrm{T}}\mathbf{y}_j\mathbf{y}_j^{\mathrm{T}}\mathbf{1})^4]^{\frac{1}{4}}\}^4$$

$$=(k-1)^4E(\mathbf{1}^{\mathrm{T}}\boldsymbol{y}_j\boldsymbol{y}_j^{\mathrm{T}}\mathbf{1})^4=O(k^4p^4).$$

则当 n，$p\to\infty$ 时，

$$\frac{1}{n^8p^2}\sum_{k=1}^{n}E\left[\sum_{j=1}^{k-1}(\mathbf{1}^{\mathrm{T}}\boldsymbol{y}_j\boldsymbol{y}_j^{\mathrm{T}}\mathbf{1})\right]^4\to 0.$$

(iii) 求 $\frac{1}{n^8p^2}\sum_{k=1}^{n}E\left[\sum_{j=1}^{k-1}(\mathbf{1}^{\mathrm{T}}\boldsymbol{y}_j\boldsymbol{y}_j^{\mathrm{T}}\boldsymbol{y}_k\boldsymbol{y}_k^{\mathrm{T}}\mathbf{1})\right]^4$.

通过计算得到

$$\begin{aligned}&E\left[\sum_{j=1}^{k-1}(\mathbf{1}^{\mathrm{T}}\boldsymbol{y}_k\boldsymbol{y}_k^{\mathrm{T}}\boldsymbol{y}_j\boldsymbol{y}_j^{\mathrm{T}}\mathbf{1})\right]^4\\&=E\left\{\sum_{j=1}^{k-1}\left[\left(\sum_{i=1}^{p}y_{ki}\right)\left(\sum_{i=1}^{p}y_{ki}y_{ji}\right)\left(\sum_{i=1}^{p}y_{ji}\right)\right]\right\}^4\\&=E\left\{\sum_{l_1+l_2+l_3+l_4+l_5=4}\frac{4!}{l_1!\ l_2!\ l_3!\ l_4!\ l_5!}A^{l_1}B^{l_2}C^{l_3}D^{l_4}E^{l_5}\right\},\end{aligned}\tag{38}$$

其中，

$$A\equiv\sum_{j=1}^{k-1}\sum_{i=1}^{p}y_{ki}^2y_{ji}^2,\ B\equiv\sum_{j=1}^{k-1}\sum_{i\neq l}^{p}y_{ki}^2y_{ji}y_{jl},\ C\equiv\sum_{j=1}^{k-1}\sum_{i\neq l}^{p}y_{ki}y_{kl}y_{jl}^2,$$

及

$$D\equiv\sum_{j=1}^{k-1}\sum_{i\neq l}^{p}y_{ki}y_{kl}y_{ji}y_{jl},\ D\equiv\sum_{j=1}^{k-1}\sum_{i\neq l\neq m}^{p}y_{ki}y_{kl}y_{ji}y_{jm}.$$

经过计算，我们发现

$$E(A^4)=O(k^4p^4),\ E(B^4)=O(k^2p^4),\ E(C^4)=O(k^4p^4),$$
$$E(D^4)=O(k^2p^4),\ E(E^4)=O(k^2p^6).$$

对式(38)的其他项，用同样的方法计算，我们发现每一项的数学期望最多是 $O(k^mp^{8-m})$，其中，$m\in\{2,3,\cdots,7\}$. 则我们得到，当 n，$p\to\infty$ 时，

$$\frac{1}{n^8p^2}\sum_{k=1}^{n}E\left[\sum_{j=1}^{k-1}(\mathbf{1}^{\mathrm{T}}\boldsymbol{y}_j\boldsymbol{y}_j^{\mathrm{T}}\boldsymbol{y}_k\boldsymbol{y}_k\mathbf{1})\right]^4\to 0.$$

同样地，可以得到当 n，$p\to\infty$ 时，式(36)中的其他项的数学期望都趋于 0. 因此我们证明得到，当 n，$p\to\infty$ 及 $p/n\to y\in(0,\infty)$ 时

$$\sum_{k=1}^{n}E(Z_k^4)\to 0.$$

计算 $E(\boldsymbol{y}_k\boldsymbol{y}_k^{\mathrm{T}}\boldsymbol{y}_k\boldsymbol{y}_k^{\mathrm{T}}\ \mathbf{1}\mathbf{1}^{\mathrm{T}}\boldsymbol{y}_k\boldsymbol{y}_k^{\mathrm{T}})$：

由于

$$E(\boldsymbol{y}_k\boldsymbol{y}_k^{\mathrm{T}}\boldsymbol{y}_k\boldsymbol{y}_k^{\mathrm{T}}\mathbf{1}\mathbf{1}^{\mathrm{T}}\boldsymbol{y}_k\boldsymbol{y}_k^{\mathrm{T}})$$
$$=E[(\mathbf{1}^{\mathrm{T}}\boldsymbol{y}_k)^2(\boldsymbol{y}_k\boldsymbol{y}_k^{\mathrm{T}})^2]$$
$$=E\{[(\sum_{j=1}^{p}y_{kj}^2)^2+(\sum_{j\neq m}^{p}y_{kj}y_{km})(\sum_{j=1}^{p}y_{kj}^2)](y_{kl}y_{k\mu})_{p\times p}\}$$
$$=E\{[\sum_{j=1}^{p}y_{kj}^4+\sum_{j\neq m}^{p}y_{kj}^2y_{km}^2+2\sum_{j\neq m}^{p}y_{kj}^3y_{km}+\sum_{j\neq m\neq s}^{p}y_{kj}^2y_{km}y_{ks}](y_{kl}y_{k\mu})_{p\times p}\}.$$

则对 $l=\mu$，

$$E\{[\sum_{j=1}^{p}y_{kj}^4+\sum_{j\neq m}^{p}y_{kj}^2y_{km}^2+2\sum_{j\neq m}^{p}y_{kj}^3y_{km}+\sum_{j\neq m\neq s}^{p}y_{kj}^2y_{km}y_{ks}]y_{kl}^2\}$$
$$=E[y_{kl}^2\sum_{j=1}^{p}y_{kj}^4+y_{kl}^2\sum_{j\neq m}^{p}y_{kj}^2y_{km}^2+2y_{kl}^2\sum_{j\neq m}^{p}y_{kj}^3y_{km}+y_{kl}^2\sum_{j\neq m\neq s}^{p}y_{kj}^2y_{km}y_{ks}]$$
$$=\mu_6+\mu_4(p-1)+2\mu_4(p-1)+(p-1)(p-2)+2\mu_3^2(p-1)+0$$
$$=(p-1)(p-2)+(3\mu_4+2\mu_3^2)(p-1)+\mu_6,$$

对 $l\neq u$，

$$E\{[\sum_{j=1}^{p}y_{kj}^4+\sum_{j\neq m}^{p}y_{kj}^2y_{km}^2+2\sum_{j\neq m}^{p}y_{kj}^3y_{km}+\sum_{j\neq m\neq s}^{p}y_{kj}^2y_{km}y_{ks}](y_{kl}y_{ku})\}$$
$$=2\mu_3^2+4\mu_4+2(p-2).$$

所以

$$E(\boldsymbol{y}_k\boldsymbol{y}_k^{\mathrm{T}}\boldsymbol{y}_k\boldsymbol{y}_k^{\mathrm{T}}\mathbf{1}\mathbf{1}^{\mathrm{T}}\boldsymbol{y}_k\boldsymbol{y}_k^{\mathrm{T}})=\begin{pmatrix}a_1&a_2&\cdots&a_2\\a_2&a_1&\cdots&a_2\\\vdots&\vdots&\ddots&\vdots\\a_2&a_2&\cdots&a_1\end{pmatrix},$$

其中，$a_1=(p-1)(p-2)+(p-1)(3\mu_4+2\mu_3^2)+\mu_6$，$a_2=2\mu_3^2+4\mu_4+2(p-2)$.

随机向量 $(T_{1N},T_{2N},T_{3N})^{\mathrm{T}}$ 的渐近分布

根据 T_{1N}，T_{2N}，T_{3N} 的定义，对每个 $(a,b,c)^{\mathrm{T}}\in\mathbf{R}^3$，则

$$aT_{1N}+\frac{b}{2}T_{2N}+cT_{3N}=\sum_{k=1}^{n}(E_k-E_{k-1})\Big\{\frac{a}{n^2\sqrt{p}}(\mathbf{1}^{\mathrm{T}}\boldsymbol{y}_k\boldsymbol{y}_k^{\mathrm{T}}\boldsymbol{y}_k\boldsymbol{y}_k^{\mathrm{T}}\mathbf{1})$$
$$+\frac{b}{n^2\sqrt{p}}\sum_{n\geqslant i>j\geqslant 1}(\mathbf{1}^{\mathrm{T}}\boldsymbol{y}_i\boldsymbol{y}_i^{\mathrm{T}}\boldsymbol{y}_j\boldsymbol{y}_j^{\mathrm{T}}\mathbf{1})$$

$$+\frac{c}{n\sqrt{p}}(\mathbf{1}^{\mathrm{T}}\boldsymbol{y}_k\boldsymbol{y}_k^{\mathrm{T}}\mathbf{1})\Big\}.$$

令 $U_k = U_{1k} + U_{2k} + U_{3k}$ ，其中

$$U_{1k} \equiv \frac{a}{n^2\sqrt{p}}(E_k - E_{k-1})(\mathbf{1}^{\mathrm{T}}\boldsymbol{y}_k\boldsymbol{y}_k^{\mathrm{T}}\boldsymbol{y}_k\boldsymbol{y}_k^{\mathrm{T}}\mathbf{1}),$$

$$U_{2k} \equiv \frac{b}{n^2\sqrt{p}}(E_k - E_{k-1})\sum_{n\geqslant i>j\geqslant 1}(\mathbf{1}^{\mathrm{T}}\boldsymbol{y}_i\boldsymbol{y}_i^{\mathrm{T}}\boldsymbol{y}_j\boldsymbol{y}_j^{\mathrm{T}}\mathbf{1}),$$

$$U_{3k} \equiv \frac{c}{n\sqrt{p}}(E_k - E_{k-1})(\mathbf{1}^{\mathrm{T}}\boldsymbol{y}_k\boldsymbol{y}_k^{\mathrm{T}}\mathbf{1}).$$

同推导 T_{2N} 的渐近分布相同的方法，利用鞅差中心极限定理[85]（见 Shiryayev (1984)中第 543 页定理 4)，我们可以推导得到 $aT_{1N} + \frac{b}{2}T_{2N} + cT_{3N}$ 的渐近分布是一个正态分布. 整个推导过程分成下面的三步：

第一步. 我们将证明 $\{U_k, 1 \leqslant k \leqslant n\}$ 是一个平方可积鞅差序列. 显然 $E(U_k \mid \Im_{k-1}) = 0$. 由闵可夫斯基不等式，可得

$$E(U_k^2) \leqslant [(EU_{1k}^2)^{\frac{1}{2}} + (EU_{2k}^2)^{\frac{1}{2}} + (EU_{3k}^2)^{\frac{1}{2}}]^2.$$

经过计算我们推导得到

$$\begin{aligned}(EU_{1k}^2)^{\frac{1}{2}} &= \frac{a}{n^2\sqrt{p}}\{E[\mathbf{1}^{\mathrm{T}}\boldsymbol{y}_k\boldsymbol{y}_k^{\mathrm{T}}\boldsymbol{y}_k\boldsymbol{y}_k^{\mathrm{T}}\mathbf{1} - E(\mathbf{1}^{\mathrm{T}}\boldsymbol{y}_k\boldsymbol{y}_k^{\mathrm{T}}\boldsymbol{y}_k\boldsymbol{y}_k^{\mathrm{T}}\mathbf{1})]^2\}^{\frac{1}{2}} \\ &= \frac{a}{n^2\sqrt{p}}[\mathrm{Var}(\mathbf{1}^{\mathrm{T}}\boldsymbol{y}_k\boldsymbol{y}_k^{\mathrm{T}}\boldsymbol{y}_k\boldsymbol{y}_k^{\mathrm{T}}\mathbf{1})]^{\frac{1}{2}}.\end{aligned}$$

我们发现

$$E(\mathbf{1}^{\mathrm{T}}\boldsymbol{y}_k\boldsymbol{y}_k^{\mathrm{T}}\boldsymbol{y}_k\boldsymbol{y}_k^{\mathrm{T}}\mathbf{1}) = \mu_4 p + p(p-1),$$

及

$$\begin{aligned}&E(\mathbf{1}^{\mathrm{T}}\boldsymbol{y}_k\boldsymbol{y}_k^{\mathrm{T}}\boldsymbol{y}_k\boldsymbol{y}_k^{\mathrm{T}}\mathbf{1})^2 \\ &= \mu_8 p + (7\mu_4^2 + 8\mu_6 + 12\mu_3\mu_5)p(p-1) \\ &\quad + (16\mu_4 + 20\mu_3^2)p(p-1)(p-2) + 3p(p-1)(p-2)(p-3).\end{aligned}$$

所以

$$\begin{aligned}&\mathrm{Var}(\mathbf{1}^{\mathrm{T}}\boldsymbol{y}_k\boldsymbol{y}_k^{\mathrm{T}}\boldsymbol{y}_k\boldsymbol{y}_k^{\mathrm{T}}\mathbf{1}) \\ &= \mu_8 p + (7\mu_4^2 + 8\mu_6 + 12\mu_3\mu_5)p(p-1)\end{aligned}$$

$$+(16\mu_4+20\mu_3^2)p(p-1)(p-2)$$
$$+3p(p-1)(p-2)(p-3)-[\mu_4 p+p(p-1)]^2,$$

由此得到

$$[E(U_{1k}^2)]^{\frac{1}{2}}$$
$$=\frac{a}{n^2\sqrt{p}}\{\mu_8 p+[7\mu_4^2+8\mu_6+12\mu_3\mu_5]p(p-1)$$
$$+(16\mu_4+20\mu_3^2)p(p-1)(p-2)$$
$$+3p(p-1)(p-2)(p-3)-[\mu_4 p+p(p-1)]^2\}^{\frac{1}{2}}<\infty.$$

相似的，由于

$$[E(U_{3k}^2)]^{\frac{1}{2}}=\frac{c}{n\sqrt{p}}\{E[\mathbf{1}^{\mathrm{T}}\boldsymbol{y}_k\boldsymbol{y}_k^{\mathrm{T}}\mathbf{1}-E(\mathbf{1}^{\mathrm{T}}\boldsymbol{y}_k\boldsymbol{y}_k^{\mathrm{T}}\mathbf{1})]^2\}^{\frac{1}{2}}$$
$$=\frac{c}{n\sqrt{p}}[\mathrm{Var}(\mathbf{1}^{\mathrm{T}}\boldsymbol{y}_k\boldsymbol{y}_k^{\mathrm{T}}\mathbf{1})]^{\frac{1}{2}}.$$

经过计算我们推导得到

$$E(\mathbf{1}^{\mathrm{T}}\boldsymbol{y}_k\boldsymbol{y}_k^{\mathrm{T}}\mathbf{1})=p，E(\mathbf{1}^{\mathrm{T}}\boldsymbol{y}_k\boldsymbol{y}_k^{\mathrm{T}}\mathbf{1})^2=\mu_4 p+3p(p-1).$$

则有

$$[E(U_{3k}^2)]^{\frac{1}{2}}=\frac{c}{n\sqrt{p}}[2p^2+(\mu_4-3)p]^{\frac{1}{2}},$$

是有限的.

对于 U_{2k}，由于 $U_{2k}=\frac{b}{2}Z_k$. 前面在第 5.2 节，我们已经证明了 $E(U_{2k}^2)<\infty$.

终上所述，我们可以得到结论：$\{U_k，1\leqslant k\leqslant n\}$ 是一个平方可积鞅差序列.

第二步. 我们将证明 $\sum_{k=1}^{\infty}E(U_k^2\mid\mathfrak{I}_{k-1})\xrightarrow{p}\gamma$，其中 γ 是一个有限的常数. 由于

$$E_{k-1}(U_k^2)=E\left\{\left[\frac{a}{n^2\sqrt{p}}(\mathbf{1}^{\mathrm{T}}\boldsymbol{y}_k\boldsymbol{y}_k^{\mathrm{T}}\boldsymbol{y}_k\boldsymbol{y}_k^{\mathrm{T}}\mathbf{1})-\frac{a}{n^2\sqrt{p}}E(\mathbf{1}^{\mathrm{T}}\boldsymbol{y}_k\boldsymbol{y}_k^{\mathrm{T}}\boldsymbol{y}_k\boldsymbol{y}_k^{\mathrm{T}}\mathbf{1})\right.\right.$$
$$+\frac{b}{n^2\sqrt{p}}\sum_{j=1}^{k-1}(\mathbf{1}^{\mathrm{T}}\boldsymbol{y}_j\boldsymbol{y}_j^{\mathrm{T}}\boldsymbol{y}_k\boldsymbol{y}_k^{\mathrm{T}}\mathbf{1})-\frac{b}{n^2\sqrt{p}}\sum_{j=1}^{k-1}(\mathbf{1}^{\mathrm{T}}\boldsymbol{y}_j\boldsymbol{y}_j^{\mathrm{T}}\mathbf{1})$$

$$+\left(\frac{b}{n^2\sqrt{p}}(n-k)+\frac{c}{n\sqrt{p}}\right)(\mathbf{1}^{\mathrm{T}}\boldsymbol{y}_k\boldsymbol{y}_k^{\mathrm{T}}\mathbf{1}-E\mathbf{1}^{\mathrm{T}}\boldsymbol{y}_k\boldsymbol{y}_k^{\mathrm{T}}\mathbf{1})]^2\mid\mathfrak{I}_{k-1}\}.$$

下面的结果是经过非常冗长繁琐的计算得到的.

$$\begin{aligned}
&E_{k-1}(U_k^2)\\
&=\frac{b^2(p+\mu_4-3)}{n^4p}[\sum_{j=1}^{k-1}(\mathbf{1}^{\mathrm{T}}\boldsymbol{y}_j\boldsymbol{y}_j^{\mathrm{T}}\boldsymbol{y}_j\boldsymbol{y}_j^{\mathrm{T}}\mathbf{1})\\
&\quad+\sum_{j\neq l}^{k-1}(\mathbf{1}^{\mathrm{T}}\boldsymbol{y}_j\boldsymbol{y}_j^{\mathrm{T}}\boldsymbol{y}_l\boldsymbol{y}_l^{\mathrm{T}}\mathbf{1})]+\frac{b^2}{n^4p}[\sum_{j=1}^{k-1}(\mathbf{1}^{\mathrm{T}}\boldsymbol{y}_j\boldsymbol{y}_j^{\mathrm{T}}\mathbf{1})]^2\\
&\quad+\left[\frac{2ab}{n^4p}(2(p-1)(p-3)+(6\mu_4+4\mu_3^2)p+\mu_6-7\mu_4-4\mu_3^2)\right.\\
&\quad\left.+\frac{2b}{n^2\sqrt{p}}\left(\frac{b}{n^2\sqrt{p}}(n-k)+\frac{c}{n\sqrt{p}}\right)(2p+\mu_4-3)\right][\sum_{j=1}^{k-1}(\mathbf{1}^{\mathrm{T}}\boldsymbol{y}_j\boldsymbol{y}_j^{\mathrm{T}}\mathbf{1})]+C,
\end{aligned}$$

其中，C 是一个常数.

为了应用马尔可夫大数定律，我们需要证明:

$$\begin{aligned}
&\frac{1}{n^2}\mathrm{Var}\{\sum_{k=1}^{n}E_{k-1}(U_k^2)\}\\
&=\frac{1}{n^2}\mathrm{Var}\left\{\sum_{k=1}^{n}E\left[\left(\frac{a}{n^2\sqrt{p}}(E_k-E_{k-1})(\mathbf{1}^{\mathrm{T}}\boldsymbol{y}_k\boldsymbol{y}_k^{\mathrm{T}}\boldsymbol{y}_k\boldsymbol{y}_k^{\mathrm{T}}\mathbf{1})+\frac{b}{2}Z_k\right.\right.\right.\\
&\quad\left.\left.\left.+\frac{c}{n\sqrt{\mathrm{p}}}(E_k-E_{k-1})(\mathbf{1}^{\mathrm{T}}\boldsymbol{y}_k\boldsymbol{y}_k^{\mathrm{T}}\mathbf{1})\right)^2\mid\mathfrak{I}_{k-1}\right]\right\}\to 0.
\end{aligned}$$

由施瓦茨不等式(Schwarz inequality)，我们仅仅需要证明

$$\mathrm{Var}(\sum_{j=1}^{k-1}\mathbf{1}^{\mathrm{T}}\boldsymbol{y}_j\boldsymbol{y}_j^{\mathrm{T}}\boldsymbol{y}_j\boldsymbol{y}_j^{\mathrm{T}}\mathbf{1}),\ \mathrm{Var}(\sum_{j\neq l}^{k-1}\mathbf{1}^{\mathrm{T}}\boldsymbol{y}_j\boldsymbol{y}_j^{\mathrm{T}}\boldsymbol{y}_l\boldsymbol{y}_l^{\mathrm{T}}\mathbf{1}),$$

$$\mathrm{Var}(\sum_{j=1}^{k-1}\mathbf{1}^{\mathrm{T}}\boldsymbol{y}_j\boldsymbol{y}_j^{\mathrm{T}}\mathbf{1})^2,\ \mathrm{Var}(\sum_{j=1}^{k-1}\mathbf{1}^{\mathrm{T}}\boldsymbol{y}_j\boldsymbol{y}_j^{\mathrm{T}}\mathbf{1}).$$

事实上

$$\begin{aligned}
&\mathrm{Var}(\sum_{j=1}^{k-1}\mathbf{1}^{\mathrm{T}}\boldsymbol{y}_j\boldsymbol{y}_j^{\mathrm{T}}\boldsymbol{y}_j\boldsymbol{y}_j^{\mathrm{T}}\mathbf{1})=\sum_{j=1}^{k-1}\mathrm{Var}(\mathbf{1}^{\mathrm{T}}\boldsymbol{y}_j\boldsymbol{y}_j^{\mathrm{T}}\boldsymbol{y}_j\boldsymbol{y}_j^{\mathrm{T}}\mathbf{1})\\
&=(k-1)\{\mu_8p+[7\mu_4^2+8\mu_6+12\mu_3\mu_5]p(p-1)\\
&\quad+[16\mu_4+20\mu_3^2]p(p-1)(p-2)\\
&\quad+3p(p-1)(p-2)(p-3)-[\mu_4p+p(p-1)]^2\},
\end{aligned}$$

及

$$\mathrm{Var}(\sum_{j\neq l}^{k-1}\mathbf{1}^{\mathrm{T}}\boldsymbol{y}_j\boldsymbol{y}_j^{\mathrm{T}}\boldsymbol{y}_l\boldsymbol{y}_l^{\mathrm{T}}\mathbf{1})$$

$$=\mathrm{E}[\sum_{j\neq l}^{k-1}\mathbf{1}^{\mathrm{T}}\boldsymbol{y}_j\boldsymbol{y}_j^{\mathrm{T}}\boldsymbol{y}_l\boldsymbol{y}_l^{\mathrm{T}}\mathbf{1}]^2-p^2(k-1)^2(k-2)^2$$

$$=2(k-1)(k-2)[p(p+\mu_4-3)^2+4p(p+\mu_4-3)+2p^2]$$

$$+4(k-1)(k-2)(k-3)[3p^2+p(\mu_4-3)]$$

$$+p^2(k-1)(k-2)(k-3)(k-4)-p^2(k-1)^2(k-2)^2.$$

由施瓦茨不等式，得

$$\mathrm{Var}(\sum_{j=1}^{k-1}\mathbf{1}^{\mathrm{T}}\boldsymbol{y}_j\boldsymbol{y}_j^{\mathrm{T}}\mathbf{1})^2$$

$$=\mathrm{Var}\Big(\sum_{j=1}^{k-1}(\mathbf{1}^{\mathrm{T}}\boldsymbol{y}_j\boldsymbol{y}_j^{\mathrm{T}}\mathbf{1})^2+\sum_{j\neq l}^{k-1}(\mathbf{1}^{\mathrm{T}}\boldsymbol{y}_j\boldsymbol{y}_j^{\mathrm{T}}\mathbf{1})(\mathbf{1}^{\mathrm{T}}\boldsymbol{y}_l\boldsymbol{y}_l^{\mathrm{T}}\mathbf{1})\Big)$$

$$\leqslant\{[\mathrm{Var}\sum_{j=1}^{k-1}(\mathbf{1}^{\mathrm{T}}\boldsymbol{y}_j\boldsymbol{y}_j^{\mathrm{T}}\mathbf{1})^2]^{\frac{1}{2}}+[\mathrm{Var}\sum_{j\neq l}^{k-1}(\mathbf{1}^{\mathrm{T}}\boldsymbol{y}_j\boldsymbol{y}_j^{\mathrm{T}}\mathbf{1})(\mathbf{1}^{\mathrm{T}}\boldsymbol{y}_l\boldsymbol{y}_l^{\mathrm{T}}\mathbf{1})]^{\frac{1}{2}}\}^2.$$

其中，

$$\mathrm{Var}[\sum_{j=1}^{k-1}(\mathbf{1}^{\mathrm{T}}\boldsymbol{y}_j\boldsymbol{y}_j^{\mathrm{T}}\mathbf{1})^2]=\sum_{j=1}^{k-1}\mathrm{Var}\,(\mathbf{1}^{\mathrm{T}}\boldsymbol{y}_j\boldsymbol{y}_j^{\mathrm{T}}\mathbf{1})^2$$

$$=(k-1)\{\mu_8p+(35\mu_4^2+28\mu_6+56\mu_3\mu_5)p(p-1)$$

$$+(210\mu_4+280\mu_3^2)p(p-1)(p-2)+105p(p-1)(p-2)(p-3)$$

$$-[\mu_4p+3p(p-1)]^2\},$$

及

$$\mathrm{Var}[\sum_{j\neq l}^{k-1}(\mathbf{1}^{\mathrm{T}}\boldsymbol{y}_j\boldsymbol{y}_j^{\mathrm{T}}\mathbf{1})(\mathbf{1}^{\mathrm{T}}\boldsymbol{y}_l\boldsymbol{y}_l^{\mathrm{T}}\mathbf{1})]$$

$$=E(\sum_{j\neq l}^{k-1}(\mathbf{1}^{\mathrm{T}}\boldsymbol{y}_j\boldsymbol{y}_j^{\mathrm{T}}\mathbf{1})(\mathbf{1}^{\mathrm{T}}\boldsymbol{y}_l\boldsymbol{y}_l^{\mathrm{T}}\mathbf{1}))^2-[E(\sum_{j\neq l}^{k-1}(\mathbf{1}^{\mathrm{T}}\boldsymbol{y}_j\boldsymbol{y}_j^{\mathrm{T}}\mathbf{1})(\mathbf{1}^{\mathrm{T}}\boldsymbol{y}_l\boldsymbol{y}_l^{\mathrm{T}}\mathbf{1}))]^2$$

$$=2(k-1)(k-2)[\mu_4p+3p(p-1)]^2$$

$$+4(k-1)(k-2)(k-3)[\mu_4p+3p(p-1)]p^2$$

$$+(k-1)(k-2)(k-3)(k-4)p^4-(k-1)^2(k-2)^2p^4$$

及

$$\mathrm{Var}(\sum_{j=1}^{k-1}(\mathbf{1}^{\mathrm{T}}\boldsymbol{y}_j\boldsymbol{y}_j^{\mathrm{T}}\mathbf{1}))=\sum_{j=1}^{k-1}\mathrm{Var}(\mathbf{1}^{\mathrm{T}}\boldsymbol{y}_j\boldsymbol{y}_j^{\mathrm{T}}\mathbf{1})=[2p^2+(\mu_4-3)p](k-1).$$

因此我们得到

$$\frac{1}{n^2}\mathrm{Var}\left\{\sum_{k=1}^{n}E\left[\left(\frac{a}{n^2\sqrt{p}}(E_k-E_{k-1})(\mathbf{1}^{\mathrm{T}}\boldsymbol{y}_k\boldsymbol{y}_k^{\mathrm{T}}\boldsymbol{y}_k\boldsymbol{y}_k^{\mathrm{T}}\mathbf{1})+\frac{b}{2}Z_k\right.\right.\right.$$

$$\left.\left.\left.+\frac{c}{n\sqrt{p}}(E_k-E_{k-1})(\mathbf{1}^{\mathrm{T}}\boldsymbol{y}_k\boldsymbol{y}_k^{\mathrm{T}}\mathbf{1})\right)^2 \mid \mathfrak{J}_{k-1}\right]\right\}$$

$$\to 0.$$

第三步. 我们将验证序列 $\{U_k，1\leqslant k\leqslant n\}$ 满足林德伯格条件(Lindeberg condition)，也即，对每个 $\varepsilon>0$，当 $n\to\infty$ 时有

$$L=\sum_{k=1}^{n}E[U_k^2 I_{(|U_k|>\varepsilon)} \mid \mathfrak{J}_{k-1}]\xrightarrow{\mathrm{P}}0.$$

与推导 T_{2N} 的渐近分布使用的方法相同，我们仅仅需要证明，当 $n\to\infty$ 时，

$$\sum_{k=1}^{n}E(U_k^4)\to 0.$$

与 $E(Z_k^4)\to 0$ 的证明相似，我们仅仅需要推导 $E(U_{1k}^4)\to 0$ 和 $E(U_{3k}^4)\to 0$. 事实上容易得到

$$E(U_{3k}^4)=E\left(\frac{c}{n\sqrt{p}}(E_k-E_{k-1})(\mathbf{1}^{\mathrm{T}}\boldsymbol{y}_k\boldsymbol{y}_k^{\mathrm{T}}\mathbf{1})\right)^4=\frac{c^4}{n^4p^2}E((\mathbf{1}^{\mathrm{T}}\boldsymbol{y}_k\boldsymbol{y}_k^{\mathrm{T}}\mathbf{1})-p)^4$$

$$=\frac{c^4}{n^4p^2}\{\mu_8 p+(35\mu_4^2+28\mu_6+56\mu_3\mu_5)p(p-1)$$

$$+(210\mu_4+280\mu_3^2)p(p-1)(p-2)$$

$$+105p(p-1)(p-2)(p-3)$$

$$-4p[\mu_6 p+(15\mu_4+10\mu_3^2)p(p-1)$$

$$+15p(p-1)(p-2)]+6p^2[\mu_4 p+3p(p-1)]-4p^4+p^4\}$$

$$\to 0.$$

我们也推导得到

$$E(U_{1k}^4)=E\left(\frac{a}{n^2\sqrt{p}}(E_k-E_{k-1})(\mathbf{1}^{\mathrm{T}}\boldsymbol{y}_k\boldsymbol{y}_k^{\mathrm{T}}\boldsymbol{y}_k\boldsymbol{y}_k^{\mathrm{T}}\mathbf{1})\right)^4$$

$$=\frac{a^4}{n^8p^2}E[(\mathbf{1}^{\mathrm{T}}\boldsymbol{y}_k\boldsymbol{y}_k^{\mathrm{T}}\boldsymbol{y}_k\boldsymbol{y}_k^{\mathrm{T}}\mathbf{1})-E(\mathbf{1}^{\mathrm{T}}\boldsymbol{y}_k\boldsymbol{y}_k^{\mathrm{T}}\boldsymbol{y}_k\boldsymbol{y}_k^{\mathrm{T}}\mathbf{1})]^4$$

$$=\frac{a^4}{n^8p^2}\left\{\sum_{i=0}^{4}\binom{4}{i}E(\mathbf{1}^{\mathrm{T}}\boldsymbol{y}_k\boldsymbol{y}_k^{\mathrm{T}}\boldsymbol{y}_k\boldsymbol{y}_k^{\mathrm{T}}\mathbf{1})^i[-(\mu_4 p+p(p-1))]^{k-i}\right\}.$$

经过计算可得

$$E(\mathbf{1}^{\mathrm{T}}\boldsymbol{y}_k\boldsymbol{y}_k^{\mathrm{T}}\boldsymbol{y}_k\boldsymbol{y}_k^{\mathrm{T}}\mathbf{1})=\mu_4 p+p(p-1),$$

$$\begin{aligned}
&E(\mathbf{1}^{\mathrm{T}}\boldsymbol{y}_k\boldsymbol{y}_k^{\mathrm{T}}\boldsymbol{y}_k\boldsymbol{y}_k^{\mathrm{T}}\mathbf{1})^2\\
&=\mu_8 p+(7\mu_4^2+8\mu_6+12\mu_3\mu_5)p(p-1)\\
&\quad+(16\mu_4+20\mu_3^2)p(p-1)(p-2)\\
&\quad+3p(p-1)(p-2)(p-3),
\end{aligned}$$

$$E\,(\mathbf{1}^{\mathrm{T}}\boldsymbol{y}_k\boldsymbol{y}_k^{\mathrm{T}}\boldsymbol{y}_k\boldsymbol{y}_k^{\mathrm{T}}\mathbf{1})^3=4p^6+o(p^6),$$

$$E\,(\mathbf{1}^{\mathrm{T}}\boldsymbol{y}_k\boldsymbol{y}_k^{\mathrm{T}}\boldsymbol{y}_k\boldsymbol{y}_k^{\mathrm{T}}\mathbf{1})^4=21p^8+o(p^8).$$

因此

$$当\ n\to\infty\ 时,\ \sum_{k=1}^{n}E(U_k^4)\to 0.$$

则我们证得 $\{U_k,\ 1\leqslant k\leqslant n\}$ 满足林德伯格条件.

最后我们得到 $aT_{1N}+\frac{b}{2}T_{2N}+cT_{3N}$ 的渐近分布是正态分布.

后 记

本书是在作者博士论文基础上形成的。在付梓之前，作者又对整篇文稿进行了校验和推导，力求呈现给读者一本专业的、完美的书籍。在整理文稿的过程中，让我又回想起了在东北师范大学攻读硕士学位和博士学位的岁月，东北师范大学给我的感觉是亲切又温暖、博学又专业，那段岁月里帮助过我的老师和陪伴我的同学让我永生难忘。

首先，我要对我尊敬的导师史宁中教授表示我衷心的感谢。有一句话说："学高为师，身正为范"，史教授就是这样，用他的人格魅力教育着我如何做人；用他渊博的学识影响着我如何做学问。史教授的谆谆教诲将伴随我一生，我以自己为史教授的学生而感到骄傲和自豪。

其次我要感谢我的硕士导师郑术蓉教授。在我硕士和博士就读期间，一直都得到了郑教授的极大帮助。一遇到难题，我就会去向郑教授请教，而郑教授也一定会不厌其烦的帮助我解决。郑教授做学问一丝不苟、勤奋好学；为人平易近人、乐于助人。这些都令我敬佩，也深深的影响着我。

再次，我要感谢白志东教授、郭建华教授、陶剑教授、高巍教授、朱文圣教授、郝立柱教授给予我的学习上和工作上的帮助。此外，还要感谢东北财经大学刘柏森副教授给予我的帮助。还要感谢邢艳春、韩曦英、曹蕾、叶时利、王东莹、荣竹青，多年来和她们共同学习、互相帮助，是她们的理解和倾听帮我克服了一个个难关。

而且我要感谢我的家人，是他们的理解、包容，助我越过人生路上的一道道坎。

最后，特别感谢长春师范大学对本书出版的资助，感谢吉林大学出版社黄国彬先生及其团队对本书的付出。

本书即将付梓，在感谢的同时，作者还心怀忐忑和遗憾。多元统计分析领域的知识一直以来有很多学者在研究，每一年都有很多新的结论和方法被提出，而且还有许多知识需要继续探究。随着科技的不断进步，本书提出的结论还需完善，有待提高，作者将不断努力，为多元统计分析的完善和发展贡献力量。

由于时间、作者水平的限制，本书中难免存在疏漏，恳请各位读者不吝赐教，在此一并致谢。

刘忠颖
2023 年 05 月
于长春师范大学